三江平原农田排水沟渠修复农业面源污染技术研究

张　燕　王艳芹　袁长波　李新华　著

科学技术文献出版社
SCIENTIFIC AND TECHNICAL DOCUMENTATION PRESS

·北京·

图书在版编目（CIP）数据

三江平原农田排水沟渠修复农业面源污染技术研究 /
张燕等著. -- 北京：科学技术文献出版社，2024.8.
ISBN 978-7-5235-1703-1

Ⅰ. X501

中国国家版本馆 CIP 数据核字第 2024VN1542 号

三江平原农田排水沟渠修复农业面源污染技术研究

策划编辑：崔　静　孙慧颖　责任编辑：李　晴　责任校对：王瑞瑞　责任出版：张志平

出 版 者	科学技术文献出版社	
地 址	北京市复兴路15号　邮编　100038	
编 务 部	（010）58882938，58882087（传真）	
发 行 部	（010）58882868，58882870（传真）	
邮 购 部	（010）58882873	
官 方 网 址	www.stdp.com.cn	
发 行 者	科学技术文献出版社发行　全国各地新华书店经销	
印 刷 者	北京虎彩文化传播有限公司	
版 次	2024 年 8 月第 1 版　2024 年 8 月第 1 次印刷	
开 本	710×1000　1/16	
字 数	149千	
印 张	10.25	
书 号	ISBN 978-7-5235-1703-1	
定 价	48.00元	

著者名单

张　燕　王艳芹　袁长波　李新华

前　言

　　随着水环境问题的日益突出，农业面源污染已经引起人们的高度重视。目前，农业面源已经成为我国地表水主要的污染源。粮食需求的巨大压力加剧了我国化肥施用量的持续攀升，导致农田排水中氮、磷浓度和负荷不断上升，增加了受纳地表水体发生富营养化的潜在风险。黑龙江省作为我国最大的商品粮基地，是实现国家"新增千亿斤粮食生产能力建设"战略工程的重点省区，目前正在实施千亿斤粮食生产能力建设战略工程，主要通过种植业结构调整达到增产的目标。到 2015 年增加旱改水面积 417 万亩、改善水田 740 万亩、粮食总产将达到 1000 亿斤以上，其中 70% 来自三江平原。三江平原大规模水田化将导致一系列生态环境问题，其中面源污染加剧将影响地表水，特别是界江界湖的水质安全。三江平原地势低平，开发前沼泽湿地分布广、面积大，排水沟渠作为该区重要的水利工程，其主要功能为排涝泄洪，确保粮食生产稳定。排水沟渠既是连接农田和河湖等地表水体的纽带，也是农田退水的必经通道。本研究针对三江平原大规模水田化过程中存在的面源污染加剧问题，以农田排水沟渠湿地为研究对象，依托国家生态研究网络台站，通过野外采样监测和小区定位实验，研究排水沟渠截留净化农业面源污染物氮磷的机制，揭示排水沟渠截留氮磷的能力，探讨影响三江平原排水沟渠截留净化氮磷能力的因素，研发提高沟渠截留能力的措施，构建基于农业面源污染控制的三江平原生态渠系模式。本研究不仅丰富了湿地净化功能的内涵，扩展了人工湿地利用的新方向，而且有利于强化面源污染防治，为协调区域农业发展、污染控制和生态保育的矛盾提供了新方向。本研究成果对控制面源污染、保障区域水环境质量和水资源的可持续利用、实现粮食安全和水安全协调发展具有重要意义。

　　本研究共分八章，第一章综合分析国内外研究现状及其研究目的、意义；第二章简要概述了三江平原的自然环境特征和社会经济发展现状；第三章综合分析了研究区排水沟渠水质现状，并通过小区实验研究了现有农田排水管理条件下排水沟渠各组分（植物、底泥等）对农业面源污染物氮磷的截留净化机制；第四章研究了干湿变化、渠水流速、水位及污染负荷等因素对排水沟渠截留净化氮、磷能力的影响，筛选了排水沟渠调控的主要因子；第五章通过野外小尺度实验，研究了植物配置沟渠和基质坝的净化效果，筛选了适宜的沟渠植物和基质坝填充基质类型；第六章通过小区实验研究了生态沟渠对水中氮磷的截留净化能力，估算了底泥、植物等对氮磷净化的贡献，进一步明确了氮磷在排水沟渠中的迁移转化机制；第七章设计了适合三江平原的生态沟渠模式，并提出了管理建议；第八章凝练了研究的主要结论，分析了研究中存在的不足，展望了未来研究的方向。

目　录

第一章

绪　论

第一节　农业面源污染的概念及其现状

一、农业面源污染的概念及特点

生态环境部、农业农村部给出的农业面源污染概念，是指农业生产过程中由于化肥、农药、地膜等化学投入品不合理使用，以及畜禽水产养殖废弃物、农作物秸秆等处理不及时或不当，所产生的氮、磷、有机质等营养物质，在降雨和地形的共同驱动下，以地表、地下径流和土壤侵蚀为载体，在土壤中过量累积或进入受纳水体，对生态环境造成的污染。也有学者总结为：农业面源污染是指农业生产活动中所产生的各种污染物，如盐分、营养物、农药及其挥发物、病菌等，通过农田地表径流、农田排水、地下渗漏和大气干湿沉降等方式，以低浓度、大范围的形式从土壤圈、大气圈向水圈扩散的过程。

农业面源污染具有以下特点：一是分散性。固定污染源通常具有明确的坐标和排污口，而农业面源污染来源分散、多样，没有明确的排污口，地理边界和位置难以识别和确定，无法开展有效的监测和评估。二是不确定性。固定污染源的排放通常具有明确的时间规律，容易确定排放量和组分，而农业面源污染的产生受自然地理条件、水文气候特征、人为活动等因素影响，污染物向土壤和受纳水体运移过程中，呈现时间上的随机性和空间上的不确定性。三是滞后性。固定污染源通过管道直排进入环境，能够对环境质量产生直接影响，而农业面源污染受到生物地球化学转化和水文传输过程的共同影响，农业生产残留的氮、磷等营养元素通常会在土壤中累积，并可缓慢地向环境释放，对受纳水体环境质量的影响存在滞后性。四是双重性。固定污染源成分复杂，常含有重金属、持久性有机污染物等有害物质，往往直接对人体和环境造成严重损坏，而农业面源污染物以氮、磷营养物质为主，利用好了对农业生产是一种资源，只有在土壤中过量累积或进入受纳水体，才被称为污染物。

由此可见，农业面源污染主要是指在农业生产活动过程中，由于各种污染物低浓度、大范围缓慢地在土壤圈内运动或从土壤圈向水圈扩散，致使土壤、含水层、湖泊、河流、滨岸、大气等生态系统遭到污染的现象，具有形成过程随机性大、影响因子多、分布范围广、潜伏周期长、危害大等特点。由于农业面源污染的上述特点，难以确定监管对象和治污主体，常规生态环境管理模式难以满足日常工作需要，从而对农业面源污染治理模式、监测体系、监管方式提出更高的要求。

二、农业面源污染现状

随着人口增长，人类对食物和纤维的需求与日俱增（Tilman et al.，2002），增加化肥、农药施用是提高粮食产量的主要措施。目前，我国化肥和农药使用总量及平均强度均居世界前列，仅 2022 年我国化肥使用量为 5.07×10^6 t，过量使用情况严重（杨智景 等，2020；李栋浩 等，2024）。尤其是化肥的不合理或过量使用，造成氮、磷等养分随地表径流、农田退水等流失引起的面源污染问题日渐突出（Yang et al.，2012）。随着农业经济的快速发展，在我国许多地区尤其是农业相对发达、经济水平较高地区，普遍存在过量施用化肥和喷施高毒高残留农药等现象（张维理 等，2004），导致我国水污染、水体富营养化、农田生态系统生物多样性减少等生态环境问题日益突出。目前，农业面源污染一直是我国"三河三湖"污染的主要污染源，也成为农村地表水体污染的主要贡献者，严重威胁着全国人民的饮水安全（杨林章 等，2018）。据 2020 年《第二次全国污染源普查公报》结果显示，农业污染源是造成我国水环境污染的重要来源，其化学需氧量（COD）、总氮（TN）

和总磷（TP）排放分别占地表水体污染总负荷的 49.8%、46.5% 和 67.2%。由此可见，农业面源污染已经成为我国当前地表水体污染的主要来源。

农业面源污染已经成为全球范围内水环境污染的主要来源（Bouwman et al.，2013），水污染引起的水资源短缺严重阻碍了社会、经济的发展，已成为当今世界的热点和难点问题。农业面源污染物中的氮、磷是水体富营养化的主要限制性因子（Lindau et al.，2010；Olli et al.，2009）。目前，丹麦 270 条河流中 94% 的氮负荷、52% 的磷负荷源于面源（Kronvang et al.，1996），荷兰农业面源贡献的总氮、总磷分别占流域污染负荷的 60% 和 40%～50%（Boers，1996）。在我国地表水污染物中，农业面源污染亦占很大比重，由种植业流失的氮、磷量分别占农业面源流失量的 50.9%、35.9%（《第二次全国污染源普查公报》，2020）。据对我国 25 个湖泊的调查，100% 的湖泊总氮超过了富营养化临界值，92% 的湖泊总磷超过了富营养化临界值 0.02 mg/L（司友斌 等，2000）。农业面源已成为太湖流域主要的污染源，其对太湖中氮、磷的贡献率分别高达 83% 和 84%（夏立忠 等，2003；薛峰 等，2009）。三峡水库上游、云南省"三湖"（抚仙湖、星云湖、杞麓湖）、北京密云水库、天津于桥水库、安徽巢湖、云南洱海和滇池、上海淀山湖等水域亦不同程度受到农田面源污染物氮、磷的影响。东北地区松嫩平原农业面源污染物输出负荷中总氮为 1.36 t/km^2、铵态氮（NH_4^+-N）为 21.26 kg/km^2、硝态氮（NO_3^--N）为 9.05 kg/km^2、总磷为 0.33 t/km^2、水溶磷为 1.87 kg/km^2（阎百兴，2001）。松花江丰满水库流域面源总氮负荷占流域总负荷的 71%（王宁，2001）；第二松花江流域源于面源的铵态氮占全流域铵态氮总负荷的 46.02%（Yang et al.，2010）。目前大多数水体处于富营养化水平，且呈逐年加重的趋势（王宁 等，1999；阎百兴，2005）。可见，农业面源污染物氮、磷引起我国河流、湖泊等水质下降已十分严重，河流和湖泊水质的急剧下降是水质管理面临的最大挑战（Sharpley et al.，1994）。

我国现有耕地面积为 19.18 亿亩，其中水田面积为 4.71 亿亩，占耕地面积的 24.55%，可见水田对于保障国家粮食安全和维护区域生态安全的重要性。但是水稻田氮、磷的流失更为严重（顾建芹 等，2023），有研究发现水稻田是最大的潜在面源污染源（晏维金 等，1999）。有研究表明，在不影响作物产量的情况下，通过控制水田灌溉用水量，可减少氮、磷的输出负荷（唐莲 等，2003）。农田不同排水方式也影响水田氮、磷的输出。阎百兴（2001）研究发现，集约化水田区单位面积水田的污染输出负荷是旱田的 5～21 倍，可见集约化水田区成为农业面源污染的重要输出区域，是农业面源污染防治的重点区域。因此，国内外研究者开始关注农田排水沟渠的环境效应和生态功能，探讨如何利用农田排水沟渠对农业面源污染物进行阻隔和过滤，以防治农业面源污染，充分发挥其生态服务功能和环境效益（Williams et al.，2004；姜翠玲 等，2004；杨林章 等，2005；Strock et al.，2007）。但由于农业面源污染负荷与土壤的侵蚀程度、化肥、农药等的使用量，以及农业耕作方式、地质地貌、区域降水过程等密切相关，且具有随机性、污染物及排放途径的不确定性、污染负荷的时空差异性等特点，与点源污染相比，农业面源污染危害规模大，且难以监测和控制。

三、农业面源污染的主要防控措施

农业面源污染传播范围广泛，涉及农田、水体、土壤和空气等环境媒介。农业面源污染给水资源的可持续利用带来了一些挑战，其污染防控是一项复杂、艰巨而长期的工作。对农业面源污染的控制主要包括两个方面：一是控制农业污染扩散源，即控制农业面源污染的发生和农业面源污染物的排放总量；二是减少污染物向受纳水体的运移，也就是对污染物扩散途径的控制。因此，农业面源污染从农田源头到末端、湖泊等收纳水体，可通过农田污染源头调控、沿程消减、末端集中处理的方式，消减进入下游水体的农业源污染负荷、改善农田生态环境、实现农田清洁生产、提高水资源高效利用，具体措施如下。

（一）源头调控措施

源头调控措施是指通过在农田内部或周边通过耕作措施、养分管理和工程措施等方式，防治污染物从农田流失。其中，耕作措施主要是通过保护农田土壤的表层来减轻土壤侵蚀，提高作物对营养元素和农业化学物质的利用率，减少它们向环境的输入，从而有效地防止农业面源污染的形成（章芹 等，2011）。少耕、免耕等水土保持耕作方法，可以减少土壤流失量和颗粒形态的养分流失，但是不能减少可溶性养分的流失；残渣覆盖物在增加土壤有机物、改善土壤结构的同时，残渣腐烂分解部分也增加了径流中的养分浓度。沿等高线种植与顺坡种植相比，可以减少约30%的土壤流失量，在一定程度上降低了农田土壤养分的流失，能够实现对农田面源污染的控制（陶春 等，2010）。种植结构和还田措施也影响农业面源污染物的流失。玉米－大豆间作方式可有效截留和补充土壤中的氮、磷含量，降低径流产生量及氮、磷流失量，提高作物对养分的吸收效率，提高作物产量，而且秸秆还田进一步优化农田土壤健康（饶继翔，2021）。陈昊和饶继翔（2021）研究表明，与传统的玉米单作相比，田菁与墨西哥玉米间作种植可以减少39.68%的径流量，可降低径流中51.93%的总氮流失，可在夏秋季雨量充沛时对地表径流进行有效截留；同时发现小麦玉米秸秆全量还田是一种更好的还田方式，增加土壤养分提高氮、磷利用效率，减少氮、磷流失和下渗风险。

养分管理的宗旨是控制土壤养分投入的数量，改善养分投入的方法，使土壤中的养分水平保持在既能满足作物生长的需求，又不会对环境产生显著的危害。实现养分的收支平衡和优化肥料施用方法是养分管理的两个关键方面（鲁如坤，1998）。在种植区域范围内因地制宜研发最佳养分管理和施肥措施，杜绝农业化肥的过量施用，平衡养分的投入与产出，减少其流失量。肥料深施是提高粮食产量和氮素利用率的关键要素，尤其是缓释肥侧深施提升pH值的同时也显著提升了土壤有机质、全氮、有效磷、速效钾的含量（许剑锋 等，2024）。与传统施肥方式相比，施用缓释肥在减少氮、磷流失方面能起到一定的减排作用。有研究表明，秸秆有机肥＋秸秆不还田方式可以增加土壤中氮、磷和有机质等养分的含量，提升土壤中脲酶和碱性磷酸酶活性，提高植物对氮、磷的吸收效率，增加植物体生物量，提高产量，但是与秸秆还田方式相比，秸秆有机肥＋秸秆不还田方式增加了地表径流量，提高了地表径流带来的氮、磷等污染物的流失风险（饶继翔，2021）。田间养分与水肥田间管理相结合也能有效防控源头养分的流失。陈真雄等（2024）研究发现，间歇灌溉与施缓释肥相结合可有效促进水稻磷素吸收，有效减少磷素的流失。一些研究者为了解决化肥径流淋洗及养分挥发损失量大、养分释放难与作物吸收同步等问题，分别研发了凹凸棒土－生物炭缓释材料、酒糟生物炭、秸秆生物炭等基质，可有效削弱农田养分的流失（胡京钰 等，2022；罗洋 等，2022；魏彦凤 等，2023）。

农业面源污染主要是由地表径流引起的，因而治理水土流失是解决农业面源污染而引起水体污染的根本。农田水土保持技术主要有两个方面：一方面使农田表土稳定化或以植被覆盖来减少雨水或灌溉水分对表土的冲击；另一方面降低农田坡度，通过农田土地平整，或者在农田内通过渠道化手段分散径流或降低流速，以减弱径流的侵蚀力，并减少雨水或灌溉水在地面溢流的数量。农田水土保持技术所包含的工程措施、农业技术措施和生物措施，对农田区域内植物吸收、土壤胶体吸附与微生物降解途径有促进作用，对径流淋失与挥发等途径有抑制作用。具体措施，例如，建立沟壑和堤坝系统等，增加农田景观区粗糙度，防治水土流失，可以有效截留和过滤农业污染物，防止其进入水体。在农田中进行植被隔离带和小微湿地建设，可以通过植物吸收和生物降解等方式，降低农业排放物的含量和浓度，保护水体。此外，还有一些技术措施，如农业机械化和灌溉管理等，可以降低农业活动对土壤和水资源的损害程度，削弱农业活动对水土流失的冲击。通过引进高效节水的灌溉系统和使用先进的农业机械设备，可以减少农业用水量和土壤侵蚀的发生频率，从而降低农业面源污染的潜在风险。可见，水土保持措施是防治面源污染的重要手段。

（二）沿程消减措施

农田排水沟渠是农田排水汇入河流和湖泊的主要通道，是占地面积最大的农田排水设施，是由植物、土壤、微生物所组成半自然综合体，它可以将流经沟渠的污染物溶解或吸附在土壤颗粒表面，随沟渠坡面漫流或沟渠径流迁移，降低进入受纳水体中的氮、磷含量（宋常吉 等，2014）。农田排水沟渠作为农田水利基础设施的重要组成部分，具有汇水、持水、水流通道的作用，也担负着水质净化及维持生物多样性的功能，同时对于维持农业生态系统平衡和流域生态系统健康有着重要作用。农田排水沟渠一般呈规则的线性形状，和陆地之间有着密切的物质和有机体交换；作为排水通道，大量由于农户过度施肥和农药等原因而产生的诸如氮、磷等污染物通过沟渠进入下游河流湖泊中，造成水体富营养化，进而造成农田生态系统生物多样性减少等生态问题（陆海明 等，2010）。农田排水沟渠独特的生态系统对控制农业面源污染起着重要作用，基质底泥、植物和微生物是农田排水沟渠的主要组成部分，农田排水沟渠对农业面源污染的净化作用就是三者协同作用的结果。因此，农田排水沟渠通过及时排洪泄涝有力地为农业高产稳产起到"保驾护航"的作用，而且作为农业生态系统的重要组成部分，对于维持农业生态系统平衡和流域生态系统健康有着重要作用（陆海明 等，2010）。

农田排水沟渠对面源污染物拦截、吸收的相关研究在国内开始较晚。晏维金等（1999）和姜翠玲等（2004）通过研究沟渠对农业面源污染物净化作用，表明沟渠一方面可通过底泥截留吸附、植物吸收和微生物降解等作用有效地截留氮、磷污染物；另一方面如果不对水生植物进行收割，沟渠湿地系统本身又是一个潜在的污染源。徐红灯等（2007）、王岩等（2009）、何明珠等（2012）的研究均表明农田排水沟渠对氮、磷拦截效果较好，且具有较好的生态效应。尤其在洱海流域，研究者通过在原有土沟基础上扩大断面和深度，结合利用田边地角布设净化塘，延长水力滞留时间，结合水生物净化，汇入改造成的生态沟渠，形成串珠式净化系统，提升水体自净化能力。由于农田排水沟渠周期性的排水特征及其底泥中滋生的微生物、水生植物等构成了排水沟渠独特的生态结构，当农田排水流经时，通过植物吸收、底泥吸附、微生物作用等方式可以有效地截留和转化农田排水中的氮、磷等非点源污染物。随着水文及生物环境等条件的改变，植物、底泥等又会向水体中释放污染物，形成内源污染。由此可见，农田排水沟渠具有双面性。

另外，结合田间机耕道、沟埂、地埂和田间农作物布局，建设田间生态防控系统，配置乔、灌、草的简单植物生态群落，兼顾景观效应和生态功能，将人工景观与自然景观有机结合，提高农田区域生态缓冲能力，对污染物进行有效拦截。也有在农田下部设置拦截沟的，首先通过农田排水沟渠输入拦截沟中，阻断和拦截农田尾水流失，将农田尾水进行再利用，并通过加固沟埂护坡，依次种植陆生植物、水生植物，沟埂植物主要选择本地一些具有景观、经济等价值的植物，构建多样性的田间生物体系，进一步强化对农田面源污染物的截留净化。

（三）末端集中处理措施

在农田闲置地或低洼坑塘，建造生态塘、人工湿地等，其中该生态塘与农田排水沟渠或拦截沟相连，通过对水塘进行植物管理、生物调控管理等措施，改造现有坑塘，经过植物演替、生物操纵，构建生态塘。其中，塘壁采用植物或与护坡生态砖结合改造，起到截留净化地表径流污染物、稳坡固土作用；浅水区种植适生植物，构建生态塘植被修复带，优化生态塘水质的生态修复；深水区采用适生植物与基质构建生态浮床或建造生态岛，强化生态塘修复污染物的能力，增加农田尾水水力停留时间，提升水体自净化能力，减少污染物流失，提高氮、磷等养分的有效利用。将"沟—塘"有机结合为生态排灌系统，具备农业用水排灌功能，同时可利用生态塘的蓄水功能，实现沟塘调配和田间尾水小循环，充分利用水资源和水体养分。

在进入河流、湖泊前，构建表面流人工湿地、垂直流人工湿地等，建造农田排水处理生态屏障，经过处理后的清水可直接入河、入湖。例如，运行10年后的罗时江河口表面流人工湿地对总氮、铵态氮和硝态氮的平均截留效率分别为37.2%、34.6%和29.2%。也可以通过调蓄塘＋表面流湿地＋生态植物塘共同完成农田尾水的生态处理。目前，成功的案例是洱海流域面源污染综合防控措施中的复合式垂直流人工湿地，经过农田排水沟渠、生态廊道、生态塘与复合式垂直流人工湿地系统处理后的农田尾水，可直接排入附近湖泊中（张晓雪 等，2021）。也可改造利用现有低洼区域建设蓄水塘，收集农田尾水，配套建设尾水提水设施和管道，实现整个区域生产用水达到可控、可调、节水、循环的目的。回灌农田尾水须达到农灌水水质标准要求，定期进行水质监测和处理，避免水源串流导致作物病虫害发生。

四、农田排水沟渠在三江平原的重要性

三江平原地处我国东北边陲，由黑龙江、松花江和乌苏里江冲积而成，

总面积为 10.89 万 km²，地势平坦，曾是我国最大的沼泽湿地集中连片分布区。自 20 世纪 50 年代以来，随着农场群的建立，湿地遭到大规模、高强度垦殖，耕地面积由 1949 年的 78 万 hm² 增至 2000 年的 524 万 hm²。三江平原已成为我国重要的优质商品粮豆生产基地，位居十大"新天府"之六，为支援国家经济建设、保障粮食安全做出了巨大贡献。目前，黑龙江省土地整理重大项目——"两江一湖"灌溉工程已逐步展开，以 30 个大型灌区为依托，充分利用黑龙江、乌苏里江、兴凯湖丰富的地表水资源，旱改水面积 417 万亩、采用地表水灌溉取代地下水灌溉 740 万亩，到 2015 年新增粮食生产能力 137 亿斤。但大规模农田开发将进一步加深本区的农业面源污染输出，对湿地系统和界江界湖的水质安全将产生更为深刻的负面影响。大规模农田开发增加了农用化学品的大量投入，必将使农业面源污染加重，改变湿地系统的养分输入模式，对水安全和湿地生物的安全造成严重威胁，影响受纳地表水体的水质和湿地生态系统健康；区内的江河湖泊多为界江界湖，属于环境敏感地区，容易引发水污染国际纠纷。

三江平原经过 70 余年的大规模垦殖，农田已成为主要景观。农业面源尤其是来自农田的地表径流对水体污染的贡献最大（王岩 等，2009；Tian et al.，2010）。目前，国内外学者对农田排水沟渠截留农业面源污染物进行了一些研究，而在我国东北地区这方面的研究尚且不足。三江平原作为国家优质商品粮基地，属农业发达地区，该区农田中施用的化肥主要有尿素和复合肥，其中氮肥 40% 作为基肥、60% 作为追肥，磷及其他肥料全部作为基肥施入。目前，氮肥的施用总量（折纯氮）为 16.5 t/km²，磷肥的施肥总量（折纯磷）为 4.5 t/km²（折成磷为 1.95 t/km²）（刘双全，2008），氮、磷流失量分别为 2.53 t/（km²·a）、0.19 t/（km²·a）（祝惠 等，2010；祝惠 等，2011），且化肥的施用量呈逐年增加趋势，农业面源污染物排放的风险也相应增加，有必要采取有效措施控制农业面源污染。因此，三江平原错综复杂的排水沟渠的环境效应和生态效应不容忽视。

农田排水沟渠作为农田水利基础设施的重要组成部分，通过及时排洪泄涝有力地为农业高产稳产起到"保驾护航"的作用，而且作为农业生态系统的重要组成部分，对于维持农业生态系统平衡和流域生态系统健康有着重要作用（陆海明 等，2010）。农田排水沟渠作为农田景观中的廊道，将农田径流由分散流向集中流转变，提高农田排水功能，同样也具有氮、磷等物质传输、过滤或阻隔，物质能量源或汇等方面的生态功能（邬建国，2000；Delgado et al，2008）。长期以来，人们主要关注的是农田排水沟渠调节水平衡等功能，对其环境效应和生态功能研究相对较少。由于沟渠长时间积水或季节性过水，使其具有线性湿地特征（Jiang et al.，2007；Kleinman，2007）。农田排水沟渠作为农田与下游受纳水体之间的一个纽带，能够通过土壤吸附、植物吸收、生物降解等一系列作用，降低进入受纳水体中的氮、磷含量（Tanner et al.，2005；姜翠玲，2004）。因此，农田排水沟渠在截留净化农业面源污染物方面具有一定的作用。

由于排水沟渠是农业不可或缺的重要组成部分，三江平原排水渠道形成了错综复杂的廊道网络系统。以三江平原的核心区域——别拉洪河流域为例，截至 2005 年，上中游流域以排水防涝为目的，已完成排水渠 4343 条，长度为 5812.8 km，其中干渠 73 条，长度为 540.32 km；支渠 728 条，长度为 1584.2 km；斗渠 3219 条，长度为 3420.87 km；农沟 302 条，长度为 194.35 km（王晓翠 等，2009）。与此同时也开挖了以开发低洼湿地为目的的排水渠 4479 条，长度为 6277.35 km，其中干渠 33 条，长度为 284.14 km；支渠 479 条，长度为 1306.05 km；斗渠 1867 条，长度为 2354.16 km；农渠 2100 条，长度为 2333 km（黑龙江农垦勘测设计研究院，2000）。农田排水沟渠的建设导致湿地面积减少、景观多样性降低、结构严重破碎，也成为导致别拉洪河流域湿地景观结构变化的主要驱动力。近年来，随着经济的快速发展，人们为了提高农田生产能力，大量投加农田养分以提高农作物的产量。随着农田养分的投入和积累，致使农田养分的流失量不断增加（崔力拓 等，2006）。因此，控制排水沟渠系统排水和面源污染输出已成为区域未来农业持续发展的重要方向。同时排水沟渠的功能也随之发生转变：由原来的排涝逐渐向排涝、补给地下水、截留与净化面源污染的方向转变。

本研究针对三江平原大规模农田化过程的农业面源污染问题，在三江平原特定区域环境条件下，以农田排水沟渠湿地为研究对象，研究三江平原排水沟渠截留净化农业面源污染物氮、磷能力，探讨三江平原排水沟渠去除氮、磷效应，揭示三江平原农田排水沟渠截留氮、磷的机制，提出有效地截留氮、磷的生态沟渠控制措施。本研究在不影响农业高效生产的条件下，寻求控制农业面源污染的方法，确保农业、资源与环境协调发展，不仅丰富了湿地净化功能的内涵，扩展了工程湿地利用的新方向，而且对于加强防治面源污染、提高水资源利用率、保护界江界湖水质具有重要意义。本研究可为地表水资源保护和水资源的可持续利用、污染物总量控制目标的实现提供理论依据；将对三江平原建立可持续发展的生态农业提供理论依据和数据支持；为建立研究区科学合理的面源污染控制措施，进行农业面源污染控制规划和综合治理，以更有效地避免污染风险，为制定风险评估和环境管理的决策方案提供科学依据，为三江平原农田面源污染控制和管理提供技术支持。

第二节　国内外研究进展

国外农业面源污染研究起步于 20 世纪 60 年代，而我国农业面源污染的相关研究始于 20 世纪 80 年代（朱萱 等，1985）。农田排水沟渠系统作为农田面源排放和下游受纳水体的过渡带，对于农田径流来说是汇，而对于下游受纳水体来说是源。国内外一些学者制定了有关沟渠的定义。Needleman（2007）认为沟渠是具有河流和湿地特征的独特的工程化生态系统。Strock 等（2007）认为，在夏季和冬季的基流条件下沟渠具有较长的水力停留时间，在生态学和物理学上的功能与线性湿地的功能相似。周俊等（2008）认为沟渠是位于道路两旁或农田间用于排水泄洪或灌溉的水道，其形成过程就是人类满足生产、生活安全保障等需求而人工挖掘的过水通道；由于其长时间的积水或季节性过水，使沟渠因湿化而逐渐演化成具有湿地生态性质的特殊类型的湿地；沟渠对氮、磷等污染物具有明显的去除效力，是一种人类活动影响下的半自然化的湿地生态系统。由于沟渠具有湿地特性，一些研究者开始把目光转向沟渠功能。Janse 等（1998）对排水沟渠中水体富营养化进行了研究，并提出沟渠在农业生产和生态环境中的重要性。Zhang 等（2004）研究了农田排水沟渠中水质的时空变化，发现其水质随季节和沟渠位置的变化而变化。姜翠玲（2004）研究了沟渠湿地水体和底泥中含有面源污染物的时空分布规律和沟渠中挺水植物对氮、磷的吸收及二次污染防治，发现农田排水沟渠湿地对农业面源污染物具有很好的净化能力。翟丽华等（2008）在研究了沟渠系统氮、磷输出特征后发现，沟渠系统中不同断面对氮、磷的截留转化作用相似。

目前，针对农田氮、磷流失引起的农业面源污染问题，国内外学者已进行了大量的机制及模型研究，并在此基础上提出了相应的控制措施，主要归纳为源头控制、中间调控和末端治理3个方面。源头控制是通过加强田间管理、科学施肥减少面源污染的产生；中间调控是在面源污染物向地表水迁移的过程中加以截留和净化，达到削减进入下游受纳水体纯量的目的；末端治理是在污染物汇入河流、湖泊等后再进行去除。其中，源头控制是削减农业面源污染物最有效的措施，然而在目前粮食危机日趋严峻的形势下，大幅减少化肥施用量难以实现，末端治理又具有高投入、低收效的特点（姜翠玲，2004），中间调控措施是一种经济可行的手段。作为中间调控措施之一的农田排水沟渠截留净化面源污染物的功能日渐显著，因而成为各级水环境保护工作者关注的焦点之一。

一、沟渠各组分去除氮、磷的机制

农田排水沟渠系统是由植物、土壤／底泥、微生物所组成的半自然生态系统，它可以将流经沟渠的污染物溶解或吸附在土壤颗粒表面，随沟渠坡面漫流或沟渠径流迁移，通过底泥吸附、植物吸收、微生物降解等一系列作用，降低进入受纳水体中的污染物含量。当前的研究主要集中于局部或单条沟渠的对比试验、水生植物备选及生态结构形式探讨等层面，关于农田排水沟渠水—土—植物系统内各介质间面源污染物的迁移转化机制尚不清楚，农田排水沟渠面源污染物净化与内源污染形成机制也有待进一步研究。基于此，从底泥吸附、植物吸收、微生物降解等方面论述农田排水沟渠去除水体中氮、磷的机制。

（一）底泥吸附

底泥，又称沟渠沉积物（Sediment），主要是由农田流失的土壤和自然形成的底泥两部分组成（徐红灯 等，2007）。沟渠底泥作为沟渠湿地的基质与载体，不仅为微生物和水生植物提供了生长的载体和营养物质，底泥本身亦具有对水体中氮、磷的净化作用。底泥作为湿地的重要组成部分，对于净化污水中的污染物，特别是磷素污染物有着重要作用（Gopal，1999）。沟渠底泥对 NH_4^+-N 也有很强的吸附和硝化能力，有研究表明其最大饱和吸附量和硝化量分别可达 1.3 mg/g 和 0.15 mg/g（徐红灯 等，2007）。翟丽华等（2008）认为底泥对 NH_4^+-N 和磷酸盐的吸附过程是一个复合动力学过程，表现为快速吸附、慢速吸附 2 个阶段，NH_4^+-N、磷酸盐的最大吸附速率分别可达 160 mg/（kg·h）、300 mg/（kg·h），说明底泥对磷酸盐吸附速率更快。这是由于底泥中富含有机质，团粒结构好，吸附能力强，且在底泥中生长的微生物种类和数量多，有助于其吸附、降解含磷的污染物（Luo et al.，2009）；同时底泥表层处于好氧环境，铁、铝呈无定型的氧化态形式，渠水中可溶性的无机磷化物很容易与底泥中的 Al^{3+}、Fe^{3+} 等发生吸附和沉淀反应，生成溶解度很低的磷酸铁或磷酸铝等，沉积在底泥中，增强了沟渠的去磷能力（Reddy et al.，1998）。研究发现，湿地对磷的吸附能力与基质中铁铝氧化物的含量呈正相关关系（Tanner et al.，1998），底泥对水体中可溶性磷的吸附率可达 99%（徐红灯 等，2007）。

随着底泥深度的增加，好氧状态逐渐向缺氧、厌氧状态转化，铁、铝等形态随之发生变化，底泥的吸附能力下降。同时还发现底泥吸附的磷不是永久地沉积在底泥里，至少部分是可逆的。底泥是氮、磷的容纳场所，并且氮、磷通过间隙水与上覆水之间进行交换，当间隙水中氮、磷的含量超过上覆水中的含量时，溶解的氮、磷会被释放到上覆水中。若底泥中含有较多的铁、铝氧化物，则有利于生成溶解度很低的磷酸铁或磷酸铝。有研究表明，底泥清淤前的底质向上覆水释放磷素的速率要比清淤后的底质慢，这说明清淤前底泥中铁、铝氧化物较多，固持磷素能力强，而清淤后这一能力减弱。另外，沟渠水中磷主要以颗粒吸附形态存在，沉淀作用在磷的去除过程中也起到一定的作用，沟渠底泥对磷的吸附与沉淀作用是沟渠最主要的除磷作用（姚鑫 等，2009）。尽管沟渠可削减农田径流氮、磷的输出，但沟渠底泥磷释放风险较高（Hickey et al.，2009），沟渠底泥中磷的再释放是造成磷的二次污染的主要原因之一。

（二）植物吸收

植物是农田排水沟渠生态系统的重要组成部分，不仅具有稳坡固土作用，还对水体中氮、磷有一定的净化作用。植物对氮、磷的去除主要通过物理化学、微生物转化积累和植物吸收等作用共同完成（Moustafa，1999）。沟渠湿地植物增加沟渠的粗糙度、阻力和摩擦力，从而降低水体流速，拦截泥沙，促进悬浮物的淤积，增加水深和水力停留时间，延长水中的化学反应时间，进而提高去除污染物的潜力（Kröger et al.，2009）。水中氮素作为植物生长过程中不可以缺少的物质，可以被植物吸收并合成植物蛋白质与有机氮；无机磷也是植物必需的营养元素，沟渠水中无机磷可被植物吸收利用来合成卵磷脂、核酸等。沟渠中植物的网状根系不仅可以促进植物直接吸收农田排水中的可溶性氮、磷、滞留颗粒态磷，还可通过其生命活动改变根系周围的微环境，从而影响对氮、磷的去除速率（徐红灯 等，2007）；植物的存在不仅对水体中氮、磷有截留效应，还由于自身的吸收可在植物根区形成浓度梯度，打破底泥—水界面的平衡，促进氮、磷在界面的交换作用，加速氮、磷进入底泥的速度（Li，2010）。

水生植物不但可以促进氮、磷的迁移与吸收，而且通过自身生长还可截留一部分氮、磷（徐红灯 等，2007）。研究发现，有植物的沟渠对农田排水中氮、磷等营养物的去除能力高于无植物的沟渠系统（Kröger et al.，2009）。不同的植物去除氮、磷的能力不同，大型挺水植物芦苇（*Phragmites communis*）和茭草（*Zizania latifolia*）根系发达，其吸收氮、磷的能力强；而香蒲（*Typha angustifolia L*）因其根系不发达，吸收能力较弱（Ng et al.，2002）。植物能从污水中吸收营养物质并加以利用，促进污水中的营养物质去除能力（Rogers et al.，1991）。有研究表明，有芦苇存在时，湿地对 NH_4^+-N 的去除率接近 100%，而无芦苇时仅为 40% ～ 75%（Drizo et al.，1997）。

然而植物不同的部位其吸收能力也不相同，缪绅裕等（1999）研究发现，植物各器官含磷量从高到低依次为叶＞根＞茎＞胚轴，且都随污水浓度升高而升高。虽然水生植物能有效贮存氮、磷，但所需的氮、磷很少是从水体中直接吸收的，而是通过根吸收底泥空隙水中的氮、磷使水体与底泥之间产生浓度梯度，进而促进氮、磷向下迁移，提高氮、磷在整个沟渠系统中的截留水平。另外，由于植物根系对沟渠底泥的穿透作用，在底泥和土壤中形成了许多微小的气室或间隙，减小了底泥、土壤的封闭性，增强了底泥和土壤的疏松度（成水平 等，2002），不仅有利于对地下水的补给，还可以利用土壤的过滤和吸附作用。因此，沟渠中的植物增强了沟渠系统的截留能力。

（三）微生物降解

水中有机物的分解和转化主要是由植物根区微生物的活动来完成的。沟渠中的微生物对氮、磷的去除包括对氮、磷的同化和对氮、磷的过量积累。由于农田排水沟渠中植物光合作用光反应、暗反应交替进行及系统内部不同区域对氧消耗量存在差异，从而导致系统中好氧和厌氧交替出现，使氮、磷的过量释放和过量积累得以顺利完成（熊飞 等，2005）。具有除磷作用的微生物通过附着在土壤和植物茎叶表面的微生物膜，先行将有机磷及溶解性较差的无机磷酸盐吸附，并经过自身酶系统的分解将非溶解态含磷化合物和溶解有机磷转化成溶解无机磷，进而被植物吸收、基质吸附、沉淀、蓄留等（陈明利 等，2006）。厌氧条件下，厌氧细菌通过发酵作用可将有机物分解（Rogers et al.，1991）。厌氧微生物还可利用结合的铁磷，促进磷从底泥中转化为溶解态被释放出来（Huang et al.，2008）。

沟渠中微生物的硝化－反硝化作用是氮素去除的主要途径，通常占总氮去除率的 80% 以上（马凡凡 等，2019）。农田排水中的部分有机氮首先被底泥吸附，经湿地系统中微生物的矿化作用转化为 NH_4^+，在湿地底泥的表层 NH_4^+ 在碱性条件下易转化为气态的 NH_3，挥发进入大气；而水中氮素主要通过硝化细菌在好氧条件下将 NH_4^+-N 氧化成 NO_3^--N 或亚硝态氮 NO_2^--N；通常沟渠水流缓慢，水体复氧能力较弱，在根区以外的环境土壤水中的溶解氧含量较低，促使硝化产物 NO_3^- 发生反硝化作用，尤其是反硝化细菌在缺氧或厌氧

条件时将 NO_3^--N 最终还原成气态的 N_2 和 N_2O（胡颖，2005），该过程主要由亚硝酸还原酶 nir S 和 nir K 基因完成。氧化亚氮还原酶 nos Z 基因是控制反硝化过程的最后一步反应（Kuypers et al.，2018），是将 N_2O 还原成 N_2 的关键步骤，也是减少温室气体 N_2O 排放的重要途径。该过程不仅是降低沉积物和水体中"活性"氮来维护氮循环平衡的重要环节，也是氮循环相关研究的热点内容。因此，反硝化作用是沟渠系统永久去除氮的唯一自然过程（Zhao et al.，2013）。孔博（2017）研究表明，含有微生物的底泥对 NH_4^+-N 的降解量比灭菌后无微生物的底泥截留量高出 0.035 mg/g，对氮的截留作用更显著。但是目前，有关沟渠中微生物对氮、磷去除效果的研究很少，大多借鉴人工湿地进行相关研究，有必要对农田排水沟渠中的微生物进行深入研究，进而提高沟渠微生物净化氮、磷的效果。

另外，农田排水沟渠在雨季和排水时期，营养元素氮、磷进入沟渠后，逐渐与沟渠水混合，使原来沟渠排水中的污染物浓度随之降低，达到稀释的效果。然而单纯的稀释等过程并不能去除污染物，即水体污染物总量没有变化，但水体也有自净能力达到去除污染物质的能力，如有机物质等在水体中通过生物化学作用而降解。由此可见，沟渠系统各组分对氮、磷的作用，并不是单一作用，往往是同时发生，相互影响，并相互交织进行。

二、排水沟渠截留净化氮、磷的影响因素

水文条件、气候条件和沟渠的几何特征直接或间接影响着排水沟渠水体中氮、磷的截留净化，同时，水力负荷和滞留时间、渠水的理化性质亦影响排水沟渠截留氮、磷的能力。

（一）水文条件

沟渠的长度影响着氮、磷元素的去除效果，农田沟渠水体中的氨氮、总氮、DTP、TP 沿程呈指数递减变化，降雨径流条件下也有同样的规律（徐红灯 等，2007）。降雨不但是农田产流产氮、磷的主要驱动力，也是氮、磷元素在沟渠中发生物理迁移的重要条件之一。由于降雨作用使得沟渠内水流速度

加大，而流速加大对悬浮颗粒的沉降极为不利，同时因流速大使得河流中充氧能力增强，加快了氮的氧化分解过程，促进氮素的迁移转化（王沛芳 等，2007）。水流加大使得沟渠水的停留时间较短，缩短了进入下游受纳水体的时间，所以氮的分解量相对来说减少了。降雨同样引起沟渠的水位变化，水位变化又影响沟渠沉积物中氮、磷等营养物质的转化和释放（Martin et al.，1997），但有关水位对沟渠截留净化能力的影响鲜有研究。

有研究表明，河流的水文特征对氮、磷流失量具有较大影响，其中水力停留时间被认为是水体反硝化作用去除氮素的关键因素之一（Kroger et al.，2008）。水力停留时间越长，沉积物的反硝化作用进行得越彻底，氮、磷等污染物去除率越高。相应地，农田排水沟渠植被覆盖度高、坡度小、弯曲程度大、长度长、粗糙度高和水流流速相对较小等，均能增加水力停留时间，从而增大排水沟渠氮、磷等污染物的去除率。因此，通过田间管理和农田排水沟渠管理，能有效调控农田排水的水力停留时间，提高农田尾水中氮、磷的去除效果。

干湿交替是沟渠的常见特征之一，也是氮、磷迁移转化过程的重要影响因素，它改变了土壤物理、化学和生物环境，对土壤结构和养分循环具有重要意义（张威 等，2010），其主要影响沟渠底泥中磷的有效性和氮素的转化，尤其显著影响沟渠沉积物的物理化性质及其反硝化速率（姜翠玲，2004；邵志江，2020）。对于沟渠底泥微生物来说，干湿交替过程实质上是好氧和厌氧环境的交替过程。干涸初期，好氧环境促进微生物的快速生长，使磷富集在增长的生物群落，当进一步干燥时，可能导致大量微生物死亡；当再水淹时，被这些微生物吸收利用的磷又重新释放出来（Qiu et al.，1994）。而且干涸易促进底泥中有机磷的分解（Liu et al.，2002），提高磷的有效性，再水淹时又再次释放出来。可见沟渠底泥风干后可增强底泥向水体释磷潜力。然而沟渠底泥因失水干燥而收缩，使表面产生裂隙，又增加了磷的吸附位点（Nguyen et al.，2005）。因此，干湿交替对底泥吸附磷的影响尚存争议。Fabre（1992）研究发现，在法国中部加伦河（Garonne）暴露过的沉积物使矿物（尤其是铁）的水合作用减弱，使反应表面积增加，进而明显提高磷的吸附能力。而邓焕广等（2009）研究发现，暴露于空气中的沉积物，受氧化作用和铁的熟化过程影响，对磷的亲和力减弱，吸附容量减少。因此，沟渠水位变化及干湿交替的影响有待进一步研究。

（二）气候条件

温度是气候条件最直接的表征，是影响水环境中各种理化反应、微生物活性的重要因素。在适宜的温度范围内（10～40 ℃），提高温度能够加速水生植物的光合作用，促进植物对氮、磷的吸收利用，荆三棱在夏、秋季改善河水水质的效果好于冬、春季（李睿华 等，2007）。因此，夏秋季节温度适宜，水生植物可直接吸收沟渠中的一部分氮、磷。温度也对微生物的氮、磷降解活动具有显著影响。微生物最适宜的生长温度是20～40 ℃，在此范围内，温度每升高10 ℃，微生物的代谢速率将提高1～2倍；夏秋季节适合微生物的生长和繁殖，其对农田排水中的氮、磷化合物的转化速度明显高于冬春季节（徐红灯 等，2007）。再者，在土壤中硝化作用的最佳温度范围是30～40 ℃，反硝化作用的温度范围在10～30 ℃（Vymazal，1999）。同时，温度也影响磷的释放。温度升高，不仅释放量明显增加，而且释放速度也明显加快。Liikanen（2002）研究表明，无论是在好氧还是厌氧条件下，磷的释放都随温度升高而增加，温度升高1～13 ℃，可使底泥中TP的释放增加9%～57%。这可能是因为温度升高，使沟渠底泥吸附磷的能力降低，微生物活力增强，有机质加速分解，导致系统氧气消耗，使Fe^{3+}等还原成Fe^{2+}，致使磷从沉淀物中释放出来（Vaughan，2007）；温度升高不仅使磷释放量明显增加，释放速度也明显增加（姜敬龙 等，2008）。但就整体效果来看，由于夏秋季节沟渠中植物吸收、微生物吸收和降解的共同作用，使得沟渠夏秋季节净化氮、磷的效果较冬春季节好。

（三）沟渠的几何特征

沟渠的大小、边坡形式、断面尺寸、水力半径、纵坡等几何尺度都影响着水体中氮、磷的转化和去除。宽浅型河道与深窄型河道相比，宽浅型河道水生生物量要高于深窄型河道，河道水体与水生植物接触程度高，有利于氮、磷及其化合物被挺水植物、沉水植物、浮水植物等水生植物吸附利用，提高氮、磷等污染物的去除效率；同时水生植物的茎、秆和叶片作为水体微生物的附着载体，为生物膜的形成提供了条件，进一步提高对氮等污染物的去除能力。而且宽浅型河道水面大，水体中的氮与大气接触面积较大，复氧条件较好，有利于氨氮回复和反硝化的 N_2O、N_2 的释放（王沛芳 等，2007）。河道的几何尺寸对河道水动力条件影响较大，一般来说，小沟渠河道纵坡比较大，水体流速较大，氮、磷在沟渠中的持留时间较短，不利于氮、磷的去除；对于大河道，纵坡比较小，水体流速较小，氮、磷在河道中持留时间较长，有利于氮、磷的去除。生态拦截型沟渠系统两侧的沟壁具有一定坡度，沟渠较深，沟渠内相隔一定距离构建小拦截坝、布设生态障碍物等以减缓水速、延长水力停留时间，有利于流水携带的颗粒物质和养分等得以沉淀和去除（杨林章 等，2005）。

（四）水力负荷和滞留时间

水力负荷也是影响农田排水沟渠去除氮、磷效果的重要影响因子。水力负荷过低，易造成沟渠底泥吸附的磷重新释放到水中，使磷的去除效果下降；而水力负荷过大，水流速过大，极易冲击底泥和植物根吸附的氮、磷，影响沟渠中营养元素的去除率。另外，稻田泡田打浆后的农田排水通常悬浮颗粒物负荷高，大量颗粒物淤积会造成沟渠堵塞、水流不畅，尽管颗粒物可以吸附磷、NH_4^+-N 等，但沟渠的总体功能下降。延长水流在沟渠中的停留时间，增加悬浮物的沉淀量，延长物质反应时间，促进农田排水中污染物的去除。有研究表明，生态沟渠的水力停留时间远大于混凝土沟渠和土质沟渠，生态沟渠对氮、磷去除效果较好，水力停留时间达 48 h 时，生态沟渠去除效果稳定且去除率较高（王岩 等，2009）。因此，适当延长水力停留时间，有利于提高湿地系统的氮、磷去除效率。

（五）渠水的理化性质

微生物的生命活动有其适宜的 pH 值，氨化作用的最佳 pH 值是 $6.5 \sim 8.5$，硝化作用的最佳 pH 值是 $7.5 \sim 8.6$，而反硝化作用的最佳 pH 值是 $7.0 \sim 8.0$（Al-Omari et al., 2003）。在酸性和中性条件下，根区附近的亚硝化细菌和硝化细菌活动增强，其中硝化作用占主导地位；而当处于碱性条件下，NH_3 以气体形式脱离沟渠系统。pH 值对磷的影响，主要是影响沟渠沉积物对磷的吸附和沉淀。可溶性的无机磷化合物与底泥中的 Ca^{2+} 易在碱性条件下发生沉淀作用，而与 Al^{3+}、Fe^{3+} 主要是在中性或酸性环境条件下发生反应（Xiong et al.，2010）。若 pH 值过低，钙结合态磷、铝结合磷易被溶出，导致底泥吸附磷的能力下降；沟渠水体 pH 值 ≥ 7 时，铝离子水解形成具有较大比表面积的胶体状 Al（OH）$_3$，对水体中的磷酸盐具有较强的吸附能力，促进水体磷的净化。但 pH 值 > 6.5，会提高微量元素缺乏的概率；pH 值 < 5.3，会造成缺钙或缺镁，影响植物的光合作用，进而影响植物对沟渠磷的吸收效果（胡绵好 等，2008）。由此可见，酸碱度影响沟渠沉积物对氮、磷的吸附、吸收和沉淀作用，从而影响氮、磷的有效性和其在沟渠系统中的迁移转化及植物对养分的摄取量。

农田排水沟渠中的溶解氧含量受到多种因素的影响，包括沟渠的设计、操作及水位变化等。通过合理的设计和操作，可以提高沟渠中的溶解氧（DO）含量，从而促进污染物的去除，保护水资源环境。农田排水中溶解氧对微生物的硝化和反硝化作用都有影响，溶解氧浓度高促进硝化作用而限制反硝化作用进行，导致水中 NO_3^--N 积累，低溶解氧条件下限制硝化作用，促进反硝化作用的进行，其中排水沟渠的水位较低时，水体中溶解氧含量相对较高，硝化反应占主导；而水位较高时，水体反硝化作用较强。此外，沟渠中溶解氧减少和氧化还原电位降低，能使底泥中 Fe^{3+} 还原为 Fe^{2+}，磷从正磷酸铁和氢氧化铁沉淀物中释放出来（徐轶群 等，2003）；而溶解氧含量越高，越有利于磷的降解和微生物对磷的吸附利用。

三、排水沟渠截留净化氮、磷的控制措施

通过适当的沟渠管理控制措施，不仅可充分发挥和维持排水沟渠的水利功能，亦可提高其生态功能和增加生物学价值（Olson et al.，2007；Kleinman，2007），实现农业区农田排水沟渠排水功能的同时发挥其环境效应和生态效应。

（一）营养成分的回收利用

各级排水沟渠采用控制排水技术如设置排水阀、排水闸等，调节沟渠中的水流（孔莉莉 等，2009），调控排水沟渠中的水位，降低沟渠水体的扰动，增加田间入渗量，这主要是利用土壤的过滤和吸附作用，减少农田排水中氮、磷的浓度；在农田沟渠系统中，可采取在沟渠内部相隔一定距离布设拦截坝减缓水速、延长水力停留时间，使流水携带的颗粒物质和养分等得以沉淀和去除（王岩 等，2010），同时调节沟渠水位和下渗，利用地下水和土体的自净作用降解水体中的氮、磷。殷国玺等（2006）研究发现，有控制排水设施的排水沟渠排放的氮浓度比无控制排水设施的氮浓度降低一半。由于作物生长需要水分，在一些缺水地区，在不影响农田排水沟渠排水的条件下，人们将农田排水收集在沟渠中暂存，农田需水时用作农田回灌，最大限度地使养分在农田系统内循环（段亮 等，2007），但不足之处是渠水中含有多种残留的除草剂，渠水回用会给作物带来一定的药害，因此，需要在农田排水沟渠内进行一定的生态处理。

当沟渠底泥对磷吸附饱和时将底泥进行清淤。有研究表明，五里湖湖区水质发生好转，高锰酸盐指数和总磷含量呈逐渐下降趋势，下降幅度分别达到 18% 和 40 %，透明度也由清淤前 35 cm 增加到 45 cm 左右，底泥清淤后半年内水体中总磷和溶解磷含量比疏浚前下降 10% ～ 25%（沈亦龙，2005；王栋 等，2005）。底泥清淤措施在国内外得到广泛应用。清淤的底泥如果弃置沟渠旁或闲置地，在降雨条件下底泥中的氮、磷被淋溶，再次随地表径流汇入沟渠水体中，有必要对沟渠底泥进行进一步处理利用。目前，已有人利用清除底泥的循环流动装置去除底泥中溶解磷等污染物（王云跃 等，2009）。由于沟渠底泥中包含大量植物必需的营养元素，可将底泥部分或全部返田，使养分还田，而有关底泥还田应用的研究目前鲜有报道。此外，将收割的沟渠植物还田，有利于植物体内的氮、磷元素再次被利用，减少无机肥料的投入；或者将刈割沟渠植物做青储饲料或干饲料，也可增加营养物质的回收。目前，有关农作物秸秆还田技术的研究已相当成熟（Ma et al.，2008；Ma et al.，2010），而有关沟渠植物还田或饲料化尚未被关注。

（二）构建生态沟渠

由于排水沟渠具有较好的截留净化氮、磷素的能力，生态沟渠系统越来越受到人们的关注。这类沟渠不仅保持原有的排水功能，又可增强对农田排水所携带的氮、磷的去除效率。构建截留面源污染物的生态沟渠，主要根据堤岸的实际情况、物种分布状况及堤段所在区域的经济条件，针对不同的堤岸模式、植被初植密度和物种分布，建设不同的生态沟渠和管理类型（范英英 等，2005）。构建生态沟渠的功效之一，就是充分发挥植物、微生物的综合作用。农田排水沟渠一般为土质结构，所以在不影响农田正常排水条件下，沿沟渠水流方向多选种水生植物，如芦苇、香蒲、黑麦草等，这不仅能保证土质沟渠边坡的稳定性，还能截留一部分汇入沟渠的氮、磷（Luo et al.，2009；姜翠玲 等，2004）。相比自然沟渠，设置盘培多花黑麦草（*Lolium multiflorum stripes*）的生态沟渠对面源污染物中氮、磷有较强的去除能力，其对氨氮和总磷的去除率分别达到 86.9% 和 60.2%；盘培高羊茅（*Festuca arundinacea*）的生态沟渠对氨氮和总磷的截留作用也分别达到 79.8% 和 53.3%（陈海生 等，2010）。可以看出，盘培牧草类植物因其具有发达的根系，可直接从水中吸收氮、磷，将其同化为自身所需的蛋白质、核酸等物质，其植株可将光合作用产生的氧输送到发达的根部，在其根系周围泌氧，改变底泥中氧化还原环境，促进硝化细菌的生长，强化沟渠底泥中微生物的硝化作用，促进植物对底泥中氮的吸收和转化。

构建生态沟渠选择植物时还应考虑合理搭配，有利于植物种群间的优势互补，提高氮、磷的截留净化效率。金聪颖等（2020）通过对不同植物配置的生态沟渠对稻田氮、磷养分流失拦截效果的研究发现，两种植物组合配置生态沟渠对氮、磷的去除效果显著高于单一芦苇植物，其中鸢尾＋菠菜组合的生态沟渠去除氮、磷效果最佳，其去除率分别为 92.27% 和 92.27%。梁坤等（2024）也研究不同植物组合配置生态沟渠，结果表明总氮、总磷去除率分别为稗草＋芦苇（87.68%、85.24%）＞马唐＋三棱草（83.42%、79.25%）＞野慈姑＋眼子菜（79.37%、77.69%）。也有人研究利用沉水植物和沸石改进排水沟渠，结果表明苦草沟渠可有效削减农田氮、磷流失，提高水力负荷虽然能降低氮、磷浓度去除率，但也能显著增加氮、磷截留量，而沸石和苦草同时改造沟渠并长期运行后，须及时更新沸石才能发挥沟渠内填料强化净化功能（蔡敏 等，2004）。由此可见，多种植物组合显著由于单一植物配置，而芦苇与其他植物组合又明显优于其他组合，因此，芦苇是生态沟渠配置植物的关键物种。

王岩等（2010）研究发现，采用沟底选种水稻（*Oryza sativa*）、空心菜（*Ipomoea aquatica Forsk.*）和水芹（*Oenanthe javanica*），沟壁选种豇豆（*Vigna unguiculata*）和狗牙根（*Cynodon dactylon*）的方式构建的生态沟渠，其沟渠植物累积氮、磷的量明显高于自然沟渠植物累积量。这类生态沟渠沟底采用生物量较大的水稻、空心菜和水芹，充分利用沟底空间，使植物群体快速形成，提高沟底植物对氮、磷的吸收利用能力，同时稳固沟渠底泥再悬浮；沟壁选种缠绕类植物豇豆和匍匐类植物狗牙根，不仅利于固土护坡，亦具有较高的污染物净化能力。但沟渠植物由于其生长周期的关系对氮、磷的吸附速度较慢，仅在其生长期封存所吸收的氮、磷，而冬季由于植株的分解又重新释放氮、磷（Kröger et al.，2008）。因此，沟渠中的植物生长到衰老期后，若不及时收割，植物腐烂分解时体内吸收的磷又会重新释放出来，造成二次污染。一般野生型沟渠植物经济价值低，人们不愿意主动收割，若利用经济型植物如茭白（*Zizania latifolia*）等，就可引导人们定期收割植物，有效防治植物体内磷素的二次污染（姜翠玲 等，2007）。自然沟渠中植物数量有限，植物对沟渠系统中磷的吸附容量也是有限的，通过人为配置栽种植物，尤其是经济类植物如茭白、水稻、空心菜、豇豆等，合理搭配种植，充分利用有限的空间，增加生物量，不仅提高磷的去除率，亦可增加经济收入。

通过工程措施改造生态沟渠，也能有效拦截农田排水中的氮、磷。王岩等（2010）利用植物和基质拦截坝构建生态沟渠，其结果表明，生态沟渠放置拦截坝后的氮、磷去除效果显著好于未放置的沟渠，而且水力停留时间较未设拦截坝时延长 2 倍。杨林章等（2005）研究了主要由工程部分和植物部分组成的生态拦截型沟渠系统（沟壁由蜂窝状水泥板构成，其中在水泥板上均匀布孔以利于其后的植物构建），能减缓水速，促进流水携带颗粒物质的沉淀，有利于构建植物对沟壁、水体和沟底中逸出养分的立体式吸收和拦截，从而实现对农田排出养分的控制，其中沟渠系统对农田径流中总氮、总磷的去除效果分别达到48.36%和40.53%。同时，杨林章研究了沟渠辅助技术——拦截箱，箱中填充的基质对水体中的营养物质具有吸附作用，基质和生长其上的植物共同组成一个功能完整的小单元，这有助于沟渠拦截、过滤过水，减缓水流水速。另外，还通过采用不同的护坡技术如生态混凝土、生态砖、护坡网与水生植物复合的方式，达到护坡效果，有利于植物生长，改善沟渠生态系统，提高沟渠截留净化能力。

（三）生化措施

向沟渠水体中投放一些化学物质或外源微生物，可提高水中氮、磷去除效果。如向沟渠水体中投加一定量的明矾和$FeCl_3$，会使磷的净化率显著升高，这是因为明矾和$FeCl_3$在水体中起到絮凝剂的作用，能加快沟渠水体中悬浮颗粒物的沉淀。但向农田排水中投放明矾和$FeCl_3$等化学物质成本较高，投加量大，水中Al^{3+}浓度过高还易导致二次污染。投加外源微生物同样也可提高沟渠系统净化磷素的效果。投加外源微生物增加微生物数量和微生物种群量，增强微生物降解、间接促进植物吸收等，进一步提高沟渠污水净化效果。殷小锋等（2008）研究发现，投加外源微生物的生态沟渠对氮、磷素的削减率较未投加微生物的生态沟渠分别提高了22%、6%，但这一措施造价较高。刘秀奇等（2011）和Penn等（2007）在排水沟渠中投加可回收的氮、磷吸附材料，也收到不错的效果。田莉萍（2022）研究表明，补给Fe^{2+}和碳源均能有效提高生态沟渠中氮、磷的去除效果，其中补充Fe^{2+}后，生态沟渠对NH_4^+-N、NO_3^--N和TP的去除效率分别为62.54%～88.66%、72.94%～99.61%和57.69%～88.68%；通过添加碳源，C/N比值为6时，氮、磷综合去除率最佳，72 h的去除率均超过80.56%。同时田莉萍（2022）也发现利用玉米芯、水稻秸秆、碱改性玉米芯、碱改性水稻秸秆、玉米芯生物炭、水稻秸秆生物炭均能强化添加铁沟渠的脱氮能力。

通过以上方式，不仅改善农业沟渠管理和面源氮、磷污染控制，亦可不断完善农业面源污染的管理，然而不同地区，由于地域、地貌、地势、土壤类型、气候等差异，必将导致农田排水沟渠截留净化氮、磷能力存在差异。

第三节 研究内容、技术路线及创新点的设置

根据三江平原当下排水管理及农田种植现状，针对现有农田排水水质及农田排水沟渠水质，立足农田排水沟渠截留净化农业面源污染氮、磷污染物的作用机制及关键影响因素，改造现有农田排水沟渠，深入研究农田排水沟渠对农业面源污染物截留净化的贡献，构建适合三江平原的生态沟渠。

一、研究内容设置

本研究以环境地球化学、农学、土壤学、环境工程及生物地球化学等多种学科理论为指导，对三江平原农业面源污染物（氮、磷）在排水沟渠中迁移转化的机制进行研究，并通过对两种污染物及其各种形态的截留能力估算，在明晰渠水面源污染分布情况的基础上，研究排水沟渠对面源污染的截留机制、影响因素及改造沟渠的潜力，定量与定性分析排水沟渠各组分对面源污染物的贡献率，估算排水沟渠截留净化面源污染的去除效应，并结合目前三江平原耕作方式下农田排水情况，构建适合三江平原的生态沟渠。

（一）农田排水沟渠截留净化氮、磷的机制

通过野外监测，研究稻田区农田与排水沟渠水质现状，并通过小区实验，在实时监测的基础上，研究农田（水稻田）主要面源污染物（氮、磷）及其各形态在农田—排水沟渠随排水进行迁移、转化过程和驱动机制，确定排水沟渠截留净化农业面源污染物氮、磷的作用机制及其贡献。

（二）农田排水沟渠截留氮、磷的关键影响因素

针对三江平原沟渠干涸状态、排水规律等实际情况，通过模拟实验研究在不同干湿条件下，排水沟渠底泥截留净化农业面源污染物氮、磷的能力，进而揭示干湿交替、微生物对排水沟渠截留农业面源污染物能力的影响。同时研究排水沟渠进水流速、水位和进水负荷对农田排水沟渠截留净化农田排水中氮、磷能力的影响，并深入探索其对农田排水沟渠上覆水和底泥孔隙水

中氮、磷浓度的影响，揭示了高水位条件下不同水层水中氮、磷的迁移变化规律，充实排水沟渠中氮、磷截留机制，揭示农田排水沟渠蓄水情况下对农业区地下水水质的影响。

（三）农田排水沟渠补种植物和基质坝基质筛选

通过野外小尺度实验，研究不同植物配置的排水沟渠对水中氮、磷截留能力，筛选出较优的沟渠植物，为生态排水沟渠筛选植物提供理论依据。通过室内实验对比不同基质对水中氮、磷吸附能力，筛选出农田排水沟渠基质坝填充基，并研究不同基质坝截留效应，为后文生态沟渠布设提供理论支持。

（四）农田排水沟渠强化措施与设计

在结合小区实验研究和室内实验结果，以及排水沟渠截留氮、磷等污染物规律和机制理论基础上，根据野外排水沟渠特性，利用原有排水沟渠布设并构建适合三江平原的生态沟渠。通过对沟壁、沟底植物体内氮、磷含量、基质坝基质，以及不同深度底泥氮、磷含量的测试，探讨排水沟渠中植物、底泥、基质截留净化氮、磷的贡献。估算生态沟渠截留净化农业面源污染的能力，评价生态沟渠的生态效应与环境效应。研究底泥空隙水中营养物质的变化情况，预测截留的渠水对地下水环境产生影响的风险性，揭示农田排水沟渠续存农田尾水对地下水环境的影响。充分发挥三江平原农田排水沟渠的生态效应和环境效应，并设计出简单易行、适合三江平原的生态沟渠。

二、技术路线

本研究的技术路线如图 1-1 所示。针对三江平原农田排水管理和农业面源污染现状，采用野外小尺度实验、小区实验和室内实验相结合的方式，通过野外实地考察监测及评估，探讨了农田排水沟渠截留面源污染物氮、磷能力，构建适合三江平原的生态沟渠并运行，得出在不影响正常排水情况下控制氮、磷污染的有效措施。

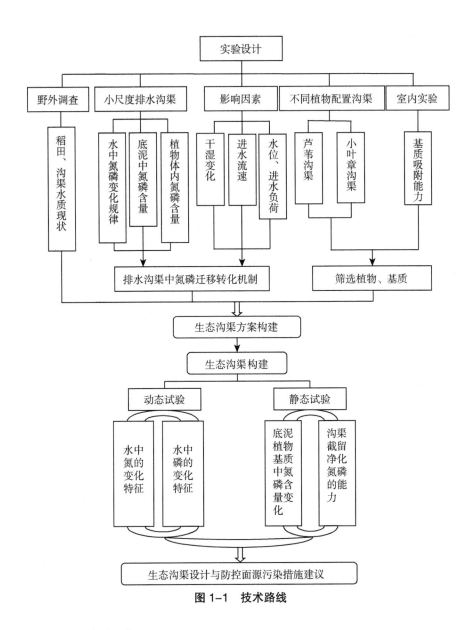

图 1-1 技术路线

三、研究方法

（一）排水沟渠水质现状及排水沟渠截留净化氮、磷机制

选择三江平原沼泽湿地生态实验站内具有代表性的与水田（水稻）毗邻

的排水沟渠作为实验小区。考虑灌溉、降雨、耕作和管理方式等不同情景，按不同季节和农时采集水田与排水沟渠水样。研究在植物的生长季（5月初至8月中旬）开展，于农田排水沟渠入水口采集每次农田排水的水样。主要测定水田和排水沟渠面源污染物氮、磷及其各种形态含量。在被选取的排水沟渠中进行静态实验。在实验场选取以芦苇和小叶章等植物为主、植物生长一致的斗渠，依次截取 4 条沟渠，分别记为高氮低磷浓度的沟渠（N_HP_L）、高氮高磷浓度的沟渠（N_HP_H）、低氮低磷浓度的沟渠（N_LP_L）、低氮高磷浓度的沟渠（N_LP_H）。沟渠水中氮、磷浓度根据当地实测水田排水浓度进行人工配水，详细实验步骤见本书第四章。

（二）排水沟渠截留氮、磷能力的影响因素

排水沟渠截留净化氮、磷能力的影响因素主要包括干湿变化、进水流速、水位、进水负荷等。收集三江平原典型农场农田排水沟渠底泥，收集后去除杂质和植物残体等，现场混合均匀，称取一定量底泥放入一定体积塑料桶中，置于户外模拟自然环境条件。调控干湿变化，研究干湿变化对排水沟渠底泥截留净化的影响。对进水流速影响的研究，通过野外选择两条自然条件和水文条件相近的排水沟渠，各长 20 m，在进出水口均设置闸阀，调控进水流速，分别以流速 0.55 m/s 和 0.80 m/s 进水，研究不同进水流速条件下沟渠的截留能力。同时研究蓄水（静态）条件下及不同进水负荷、水位条件下沟渠各组分中氮、磷变化规律，具体操作步骤见本书第四章。

（三）沟渠植物和基质筛选实验

在三江平原稻田区分别选择以芦苇（Phragmites Australis）和小叶章（Calamagrostis Angustifolia）为主的具有代表性的排水沟渠，截取 20 m，在进出水口进行封堵，蓄水后定期收集水样，分别采集沟渠前、中、后段水样，并现场混匀，研究不同植物沟渠截留氮、磷的能力，筛查出较优的植物配置的生态沟渠。

基质筛选：准备燃煤炉渣、改性炉渣（70% 炉渣 +30% 沟渠底泥的混合物）和底泥鲜样作为备选基质材料，先对底泥鲜样进行灭菌处理后备用。称取一

定量的 3 种基质，分别与已配制的营养液混合后，在室温下振荡，测定不同振荡时间下清液中氮、磷浓度，根据氮、磷浓度的变化计算基质材料对氮、磷的吸附量，研究基质对氮、磷的动力学吸附能力，遴选出吸附能力强的基质，为后面生态沟渠的基质坝提供填充基质。

底泥的硝化：旨在揭示底泥微生物硝化能力，在经过灭菌处理的三角瓶中，加入一定量的新鲜底泥（灭菌、未灭菌）和氯化铵营养溶液，室温振荡并定时取样，过滤，分别测定水溶液中 NH_4^+-N 浓度，通过对比计算，研究底泥的吸附能力和硝化能力。基质筛选及硝化实验的详细实验步骤见本书第五章。

（四）生态沟渠截留净化氮、磷能力

为了减少实验各沟渠间底泥、植物等的差异，确保沟渠水文条件、地形等自然条件一致，以 40 m 的排水沟渠为研究对象，开展野外生态排水沟渠研究，其中沟渠上口宽 2 m，沟底宽 0.8 m，深度为 0.8 m，断面呈倒梯形。将所选沟渠等分为 2 段，一段保持原状，为对照沟渠（DW1）；另一段在沟底和沟壁分别补种芦苇，沟底为 40 株 /m²，沟壁为 50 株 /m²，每隔 4 m 布设一个基质坝（长 0.9 m、宽 0.3 m、高 0.2 m），记为生态沟渠（DW2）。沟渠两端设置截水闸，调控沟渠进出水，沟渠内部布设如图 1-2 所示。在沟渠内部中后段设置上覆水和孔隙水采样点，分别研究动态、静态条件下生态沟渠截留氮、磷的能力，以及上覆水、孔隙水中氮、磷迁移转化规律。动态实验设置不同进水流速，取样监测水中氮、磷各形态的动态变化及其去除能力。静态实验：沟渠瞬息进水达到设置水位后，停止进水，定期采集渠水和底泥孔隙水水样，分析水中氮、磷各形态含量及其变化规律；在实验前后采集植物、底泥、基质坝基质样品，测定其全氮（TN）、全磷（TP）含量。

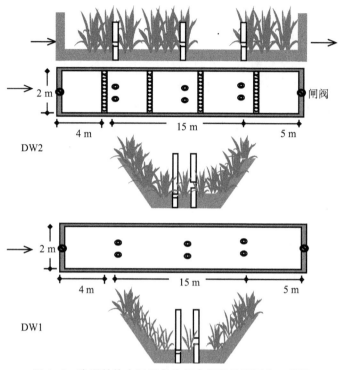

图 1-2　沟渠整体布局及各沟渠布设的俯视图和正视图

四、创新点

创新点主要体现在以下 3 个方面。

（1）完善区域农田排水沟渠拦截农业面源污染物的技术措施，量化沟渠各组分在污染物净化中的贡献，弥补我国东北地区——三江平原农田排水沟渠控制面源污染研究的空白。

（2）开展对农田排水沟渠底泥孔隙水的研究，明确农田排水沟渠水体中氮、磷的下渗情况，丰富农田排水沟渠净化机制的研究，评价农田排水沟渠蓄积农田排水对地下水的水质影响，优化三江平原农田排水管理，在研究内容上具有一定的创新性。

（3）揭示不同影响因素和控制措施（如布设基质坝）下农田排水沟渠净化能力，设计出适合东北地区三江平原的生态沟渠，能为区域农业面源污染控制提供技术支撑和理论指导。

第二章

研究区概况

第一节　三江平原自然环境概况

一、地理位置与范围

三江平原位于黑龙江省东北部，在三江盆地的西南部，是由黑龙江、松花江及乌苏里江冲积而成的沼泽化低平原，曾是我国最大的淡水沼泽湿地集中分布区。该区西起小兴安岭，东至乌苏里江，北起黑龙江，南抵兴凯湖。其纬度位置为 43°49′55″N ～ 48°27′40″N，经度为 129°11′20″E ～ 135°05′26″E，位于中国东北角，西起小兴安岭东南端，东至乌苏里江，北自黑龙江畔，南抵兴凯湖，南北长 520 km，东西宽 430 km，总面积为 10.89 万 km²，占黑龙江省土地面积的 22.8%。三江平原由 23 个县（市）组成，分别是抚远、同江、鹤岗、萝北、绥滨、富锦、饶河、桦川、集贤、友谊、汤原、佳木斯、双鸭山、宝清、虎林、依兰、桦南、七台河、勃利、密山、鸡西、鸡东、穆棱市。境内有 52 个国家农垦系统农场。

二、地形地貌

三江平原地势低平，沼泽湿地发育，地形标高，三江平原西部为小兴安岭东南缘和张广才岭东坡，中央横贯完达山脉，东北和南部为三江低平原和穆棱—兴凯低平原。三江平原受地质构造控制分为两部分，北东走向的完达山脉以北的平原部分在大地构造上属同江内陆断陷，是中生化、新生代大面积沉陷区；山南的平原部分属新生代内陆断陷，为第三纪初断陷形成的平原。由于断陷幅度不同，在平原中部残留了断续分布的地垒式低岗残丘，成为穆棱河与七虎林河的分水岭。自断陷以来，三江平原始终处于以大面积下沉为主的升降运动中，导致三江平原堆积了深厚的中生代—新生代地层。长期下沉不仅奠定了平原区的基本地貌格局，也为大面积沼泽湿地形成奠定了地质基础。三江平原地处黑龙江、乌苏里江和松花江三大河流汇流地带，地势由西南向东北缓缓倾斜，海拔高度一般为 40～80 m，东北部最低，仅有34 m，坡降小，多为 1/10 000～1/5000。黑龙江、乌苏里江切过平原北部与东部，松花江斜穿平原中部，均形成河谷平原。河漫滩、阶地、山前倾斜平原成为该区的主要地貌类型。在河漫滩与阶地上微地形复杂，发育了各种洼地，致使地表径流不畅，排泄困难，加上阶地广泛分布黏土层，严重阻碍地表水下渗，在洼地汇水形成大面积沼泽。此外，有多处残丘、残山突立于平原之中，点缀了三江平原的地貌景观。

三、气象、水文

三江平原属温带湿润的大陆性季风气候，在极地大陆气团及蒙古高压控制下，冬季干燥漫长，多西北风。夏季受太平洋副热带高压的影响，多东南风，高温多雨，温热湿润，日照时间长。春秋两季受变性的极地大陆气团影响，气温多变，春季短暂，多大风，升温快，少雨；秋季凉爽，降温急剧，降水变率大，多早霜。冬季漫长的冻结期和夏季多雨的气候为沼泽湿地的发育提供了良好的条件。1 月均温低于 –18 ℃，7 月均温在 21～22 ℃，年平均气温在 1.4～4.3 ℃，无霜期 120～140 天，热量状况相对优越，但因积温和生长期的年际变化较大，部分年份还有低温冷害（刘兴土 等，2002）。受全球气候变暖的影响，三江平原气温上升幅度较大，1999 年之前的 45 年，年平均气温上升了 1.2～2.3 ℃（闫敏华 等，2001）；年平均降水量倾向率为–8.926 mm/10a（栾兆擎 等，2007）。冻结期长，入秋之后气温急剧下降，10 月下旬开始冻结，次年 4 月初才开始解冻，冻结期长达 6 个月，平均冻结深度在 150～210 cm，冻层一般在 6 月融通。冻层的存在，使融化的雪水难以下渗，滞留地表形成过湿的环境。

受区域地理位置和季风气候的影响，三江平原地区降水年内分布不均，因而造成径流年内分配不均。该区年降水量为 550 ～ 650 mm，其中夏季（6—8 月）的降水量占全年降水量的 60% 左右，冬季（12 月至次年 2 月）的降水量仅占年降水量的 4%，春、秋季分别占 13% 和 23% 左右（侯翠翠，2012）。该区雨热同期，空气湿度大，年水面蒸发量为 750 ～ 850 mm，陆面潜在蒸发量为 550 ～ 650 mm，小于或接近年降水量。

三江平原主要河流有松花江和中俄界河黑龙江、乌苏里江及其支流。区内有最大湖泊兴凯湖。黑龙江及乌苏里江流域内分布有沼泽性河流、退化型沼泽性河流及随农业生产活动所建立的排干沟渠系统。三江平原区域内河流可分为两类：一类是发源于山区，穿行于平原沼泽之中（如挠力河、七虎林河等）或消失于沼泽之中的河流（如安邦河），这些河流上游坡陡流急，中下游比降小，河道弯曲，河床窄小，甚至没有明显的河槽，径流不畅。另一类是发源于平原沼泽并穿行于沼泽之中的河流，如蜿蜒河、别拉洪河、浓江、鸭绿河等，这些河流一般上游无明显河槽，仅是一条宽浅的线形洼地；中游河道十分弯曲，并有茂密的沼泽植被阻滞，流速极缓；下游具有明显河槽，河道坡降稍大，枯水期河槽狭窄，河漫滩宽广，具有沼泽性河流的特点，虽然注入大江，但流速极缓，径流排泄十分困难。另外，三江平原广布的河漫滩为洪水漫溢提供了场所，广布在河漫滩、阶地上的洼地积水为沼泽湿地的发育创造了条件（王世岩，2003）。可见，三江平原有广阔低平的地貌，降水集中夏秋的冷湿气候，径流缓慢，洪峰突发的河流，以及季节性冻融的黏重土质，促使地表长期过湿，积水过多，形成大面积沼泽水体和沼泽化植被、土壤，构成了独特的沼泽景观，是中国最大的淡水沼泽分布区。

四、土壤条件

三江平原内土壤类型多样，主要有暗棕壤、草甸土、白浆土、黑土、沼泽土、水稻土、泥炭土、冲积土和火山灰土九大类，其中前 5 类土壤是该区主要类型，占全区土壤面积的 96%（马学慧，1997），而以草甸土和沼泽土分布最广。暗棕壤主要分布在青黑山、完达山，以及南部太平岭等山地丘陵地区。草甸土是在地形低平、地下水位较高、土壤水分较多、草甸植被生长繁茂的条件下发育形成的非地带性土壤。三江平原草甸土的亚类主要有石灰性草甸土、白浆化草甸土及潜育草甸土。草甸土主要分布于平原西部、松花江下游穆棱河两岸地区。白浆土是三江平原耕地主要的土壤类型之一，有草甸白浆土、潜育白浆土等亚类，在表层之下是一个已漂白的白土层，潜在肥力较低，物理性状差，传统地认为是低产土壤。沼泽土在三江平原主要分布有河漫滩沼泽土、泥炭沼泽土与草甸沼泽土 3 个亚类。沼泽土广泛分布在河流漫滩、阶地上的各种洼地和湖滨洼地乃至河流。黑土土壤肥沃，在三江平原区域内主要有黑土、草甸黑土与白浆化黑土等亚类分布。黑土在三江平原面积较少，而且分布相对比较分散。主要分布于倭肯河平原、集贤及友谊等地。

五、植被状况

三江平原湿地植被被划分为 3 个植被型、9 个群系组、12 个群系、35 个群丛。该区域植物种类组成属于长白植物区系，以沼泽化草甸和沼泽植被为主，共有植物 1000 余种，其中湿地植物约 450 种。多水的过湿环境为沼生和湿生植物的生长繁衍提供了有利条件。沼生和湿生植物主要有小叶章、沼柳、苔草和芦苇等。沼泽植物分布广泛，生长茂盛，覆盖度较大，一般为 70% 以上，其分布面积占沼泽总面积的 85% 左右，其次是芦苇沼泽。沼生或湿生植物根茎交织，普遍形成 20 ～ 30 cm 厚的草根层，具有很强的持水能力。构成该区植被的建群种、优势种和主要伴生植物，均为能适应多水的沼生、湿生植物和少数中生植物，主要以多种苔草（*Carex spp.*）、小叶章（*Calamagrostis angustifolia*）、丛桦（*Betula fruticosa*）、沼柳（*Salix brachypoda*）等为主。在地势稍高的地方发育了以蒙古栎（*Quercus mongolica*）、白桦（*Betulla platyphylla*）等为主的岛状林。

第二节　三江平源农田生态环境问题

一、土壤肥力下降

由于大面积的毁湿毁草开荒，土壤肥力下降，平原区的岛状林、山前倾斜平原和部分丘陵区的森林被大量砍伐，自然植被的破坏改变了原有的湿地环境，农田失去天然屏障，致使土壤风蚀、水蚀和沙化等生态问题日益严重，大面积农田受到危害。由于三江平原区域内微突起的自然堤等地貌，表土逐年被剥蚀，露出了冲积沙质体，出现流沙，而且流沙面积有逐年扩大的趋势。此外，该区在农业开发过程中，由于重用轻养及部分耕地受风蚀和沙化的影响，土壤肥力明显下降。

二、洪涝灾害频繁

三江平原位于黑龙江省，属于温带季风气候区。这里年降水量超过550 mm，一般涝年降水量可达800 ～ 1000 mm，比旱年400 ～ 500 mm的降水要多1倍。降水分布不均衡，60% ～ 70%的降水集中在7—9月，容易发生夏、秋涝。而且旱年与涝年交替出现，不规律的气候变化也是导致洪涝灾害频繁发生的原因之一。三江平原地势平缓，河网稀疏，河槽切割浅，滩地宽阔，排水能力低，这种地势条件导致雨季潜水往往到达地表。在沼泽平原进行大范围垦殖时，由于工程浩大、排水标准低和建筑物未能及时配套，新开垦的土地上涝渍灾害发生频繁。此外，三江平原的土壤类型和特性也对洪涝灾害产生影响。一些地区的土壤保水能力强，不利于水分迅速下渗，导致水分积聚，从而引发洪涝灾害。虽然湿地被誉为"自然之肾"，但由于大量湿地被垦殖，其均化洪水的能力下降，洪涝灾害频繁加大，危害加剧。

三、动植物资源受到破坏，生物多样性减少

三江平原的湿地生态系统是多种濒危水禽和鱼类的繁殖地和栖息地，也

是大量候鸟的迁徙驿站。新中国成立以来70多年的开发建设导致湿地面积大幅减少，平均每年减少约2万 hm²。湿地大面积开垦后，整体功能出现退化，生态环境遭到严重破坏，生物多样性降低，原始植被遭到破坏，生态系统结构趋于单一化。野生动物栖息地和觅食范围大幅减少，一些珍稀野生动植物种群数量减少，濒临灭绝。随着湿地被大量垦殖，水体污染严重，土壤沙化、盐碱化面积不断扩大，生物多样性遭到破坏，河流径流减少，地下水位下降。这些变化严重影响了动植物的生存环境。开发后区内的中、小河流径流量明显减少，枯水期甚至断流，草原面积锐减导致灾害增加。因此，目前我国停止了对三江平原的开发，并加以保护，以恢复和重建受损的湿地生态系统。

四、面源污染加剧

主要表现为农药和化肥的过量使用，导致土壤结构遭到破坏、肥力下降及严重的农业面源污染。三江平原是我国重要的农业区之一，随着农业的大规模开发，农药和化肥的施用量迅速增加。长期以来，由于施肥时间、施肥方法、施肥量的不合理及肥料品质参差不齐，我国的肥料利用率普遍较低，氮肥为 30%～40%、磷肥为 10%～20%、钾肥为 35%～50%，而发达国家化肥利用率为 50%～60%。同时，我国农药利用率不足 30%，比发达国家低了 20%。农民为了提高粮食产量的主要办法就是过量使用化肥和农药，2023 年全国农药使用量超过 2900 万 t，2023 年 1—11 月全国化肥使用量为 5224.3 万 t，导致土壤结构遭到破坏、肥力下降及严重的农业面源污染。冯世超等（2019）调研三江平原的佳木斯、密山、抚远、依兰等 8 个市（县），七星、创业、云山、普阳、八五四、兴凯湖等 25 个农场，其中在调查的耕地总面积为 4584.80 hm²，全年总肥量为 2767.06 t，平均施肥量为 603.53 kg/hm²、其中氮肥 134.39 kg/hm²、二铵 73.94 kg/hm²、钾肥 78.77 kg/hm²、复合肥 308.71 kg/hm² 等，插秧田肥量一般在 450～600 kg/hm²，直播田、条播田肥量在 250～300 kg/hm²。目前，三江平原的化肥施用量呈逐年上升趋势，化肥施用量的增加势必加重该区的农业面源污染问题。化肥的过量使用，将导致大量氮、磷等营养元素随土壤侧渗、水田退水等途径进入周边天然湿地生态系统和受纳水体后，改变湿地生态系统和受纳水体的营养平衡，影响地表和地下水环境质量。因此，氮、磷等营养元素成为三江平原主要的农业面源污染物。有必要对三江平原农业面源污染物控制措施开展研究，从而为保护研究区水环境质量安全提供依据。另外，由于农业开发、盲目开垦湿地及无机污染，导致三江平原湿地面积减少，资源及生物多样性受到破坏，湿地生态功能下降，生态环境受到破坏，由此可见来自种植业的农业面源污染给三江平原在种植业发展过程带来了巨大的挑战和压力，需要采取综合措施加以解决。

第三章

农田排水沟渠截留净化氮、磷的机制

农业面源污染中由农田流失的氮、磷引起的污染日益严重，而农田区氮、磷的污染主要是由农民大量使用无机化肥，而作物对氮、磷的吸收利用率低所致，其中我国氮肥利用率为30%～40%、磷肥利用率为10%～20%，而发达国家化肥利用率为50%～60%，明显低于发达国家化肥利用率，导致我国农田氮、磷流失严重。本章通过对三江平原典型水田区排水沟渠水质调查研究，分析水田对毗邻排水沟渠水质的影响，以及水流条件下排水沟渠内水质变化特征，并在现有农田排水管理条件下，探讨了农田排水沟渠中氮、磷的迁移转化规律和去除效应。

第一节 稻田水质对排水沟渠水质的影响

一、研究方法

三江平原农田主要由开垦沼泽湿地和湿草甸而来，目前旱田占65%、水田占35%。70%的水田采取打井抽取地下水的方式灌溉。在水稻耕种生长过程中，进行两次较大规模的排水（暴雨条件除外），5月底6月初，打浆、泡田2～3天后排水，以及8月中下旬排水晒田，而在水稻生长期，稻田积水不再人为排放（暴雨径流除外），稻田积水以人工排水和侧渗两种方式进入农田渠系。自20世纪60年代以来，为防洪治涝不断开挖农田排水沟渠，三江平原现已形成完整的排水沟渠网络结构（郗敏 等，2007）。

选择三江平原沼泽湿地生态实验站水田毗邻的排水沟渠作为实验沟渠。基于灌溉、降雨、耕作和管理方式等情景，按不同季节和农时采集水田及排水沟渠水样。在 5 月初到 8 月中旬，定期在农田排水沟渠入水口 3～5 m 处采集每次农田排水的水样，在排水沟渠毗邻的水田中采集田面积水的水样，旨在为三江平原农业面源污染控制方面提供一定的基础数据支持，并为后续研究指明方向。主要测定水田和排水沟渠面源污染物氮、磷及其各种形态含量，这一研究主要集中在三江平原二次较大的排水时期：泡田期排水和晒田期排水，实时了解农田排水条件下排水沟渠不同断面的水质变化情况。

二、稻田水质与排水沟渠水质

稻田积水和排水沟渠水中各形态氮、磷的浓度变化如图 3-1 至图 3-3 所示。在水稻耕作期，稻田积水和排水沟渠水中 TN、TP、NO_3^--N、NH_4^+-N、PO_4-P 的浓度均出现明显的波动变化，但氮、磷的变化规律差异较大，这主要是受稻田耕作过程中施肥活动和田间活动（如除草、翻地）的影响，其中以施肥活动影响为主。研究区的施肥活动分为 5 月初的底肥、6 月初的叶面肥及 6 月中旬的追肥。研究区农田中施用的化肥主要有尿素和复合肥，其中氮肥 40% 做基肥、60% 做追肥，磷酸二铵及其他肥料全部做基肥在耙地时施入（刘双全，2008），追肥采取 2～3 次分施，其中尿素中的氮素一般在施肥后 2～7 天迅速转化成 NH_4^+-N（魏林宏，2007），NH_4^+-N 易被土壤吸附，在土壤硝化细菌的作用下，有一部分 NH_4^+-N 被氧化成 NO_3^--N，另一部分 NH_4^+-N 很快转化为 NH_3 并挥发至大气中；第二次施肥前，由于气温较高，NH_4^+-N 的氧化和挥发等行为可能受到了促进而加速其转化，再加上 NH_4^+-N 的硝化、反硝化作用，以及水田水位的变化，均导致稻田中 NH_4^+-N 的浓度明显降低。

受分次施肥活动的影响，水田中 TN 和 NH_4^+-N 的浓度波动较大，且二者的变化趋势基本一致，但 NO_3^--N 的浓度仅在一定范围内波动，这主要是因为稻田积水中的 NO_3^--N 主要来源于肥料水解后 NH_4^+-N 的硝化作用，又通过微生物的反硝化作用将其转化成 N_2O、N_2 等，减少 NO_3^--N 在稻田积水的含量；排水沟渠中三态氮的变化趋势同稻田积水的变化趋势相似，但具有一定的滞后性，这说明排水沟渠植物或土壤截留净化了部分 TN 和 NH_4^+-N，而由于 NO_3^--N 相对稳定，在缺氧和厌氧条件下，反硝化微生物才能发挥作用，而流动的水体 DO 相对较多，一定程度上抑制了反硝化过程，导致排水沟渠水中 NO_3^--N 的浓度与稻田积水 NO_3^--N 的浓度相近。

由于农田施肥活动中磷素投入主要集中在施用基肥时期，导致稻田积水和农田排水沟渠中 TP 含量在监测的开始阶段浓度较高，尤其是农田排水沟渠中的 TP 和 PO_4^{3-}-P 含量。6 月中下旬由于降雨的扰动，使稻田积水中颗粒态的磷增加，引起水田中 TP 浓度发生波动，而到中后期浓度下降至较低水平，且基本保持一致，这可能与含磷化合物的不易溶解性及部分磷素从土壤中缓慢地释放有关；而排水沟渠水体中因降雨径流及其稻田部分水土流失，引起水体中 TP 和 PO_4^{3-}-P 较大波动；另外，稻田积水中 PO_4^{3-}-P 同 TP 的规律相似；而排水沟渠中 TP 的变化同样具有一定的滞后性。这说明稻田水质决定毗邻排水沟渠水质，稻田排水、暴雨径流均会引起排水沟渠水质的变化。从图 3–2、图 3–3 还可看出，由于人为施肥导致植物生长早期和中期营养物质浓度一般较高，而植物生长后期由于农田施肥量减少或不再施肥，致使这一时期氮、磷浓度均处于较低水平。

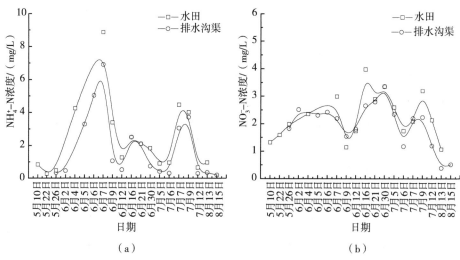

（a） （b）

图 3–1 水田和排水沟渠中 NH_4^+–N 和 NO_3^-–N 浓度变化

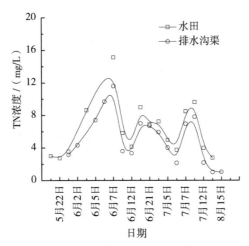

图 3-2　水田和排水沟渠中 TN 浓度变化

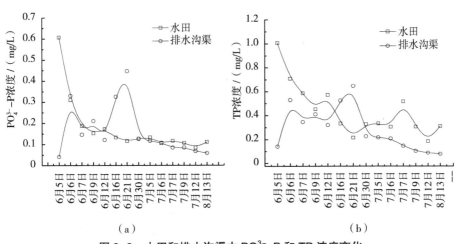

（a）　　　　　　　　　　　　　　（b）

图 3-3　水田和排水沟渠中 PO_4^{3-}-P 和 TP 浓度变化

第二节　排水沟渠对氮的截留净化机制

目前，三江平原地处我国东北地区，是我国重要的商品粮种植基地，雨热同季，适于农作物（尤其是优质水稻和高油大豆）的生长。三江平原在稻田需水期，为了充分利用地表水，减少地下水使用，将农田排水和降雨暂时蓄积在排水沟渠中，以备稻田需水时再次循环使用。因此，本节研究在三江平原现有农田排水管理条件下，排水沟渠各组分对水中氮的截留净化能力。

一、研究方法

在选取的排水沟渠，分别于当年 6 月 29 日至 7 月 10 日（a）、7 月 29 日至 8 月 9 日（b）及 8 月 21 日至 9 月 3 日（c）进行静态实验，模拟农田排水沟渠蓄积农田排水。在实验场选取以芦苇为主要植物，且植物生长一致的斗渠，依次截取等长的 4 条沟渠，开展不同进水负荷对排水沟渠截留净化能力的影响。其中 4 条沟渠浓度设置分别为氮高浓度磷低浓度的沟渠（N_HP_L）、氮高浓度磷高浓度的沟渠（N_HP_H）、氮低浓度磷低浓度的沟渠（N_LP_L）、氮低浓度磷高浓度的沟渠（N_LP_H）。两条沟渠之间采用防渗拦截坝隔开，紧靠沟底设置排水口，沟渠植物配置保持原状，并设置配水槽。采用硝酸铵和磷酸二氢钠配备人工模拟排水。在研究开始前，先排空实验沟渠，打开进水阀进水，依次进水到设定水位后，关闭阀门进行静态实验研究。经过前期调研发现，三江平原别拉洪河流域 6—9 月除施肥后遇强降雨情况外，农田排水氮、磷浓度：TN 浓度为 5.35 ～ 18.03 mg/L，TP 浓度为 0.11 ～ 2.48 mg/L，根据这一水质情况进行如表 3-1 所示配水。并在施肥前和排空渠水后采集水样之后，取底泥和植物样品，其中仅采集 0 ～ 15 cm 处的底泥进行测试。同时，从三江沼泽气象站获取了研究区降雨、蒸发等气象参数数据（图 3-4）。

表 3-1　实验沟渠水体中初始平均浓度　　　　　　　　　　　单位：mg/L

沟渠编号	TN	NH_4^+-N	NO_3^--N	PO_4^{3-}-P	TP
N_HP_L	23.58	12.57	8.38	1.79	2.15
N_HP_H	22.00	13.685	8.2	3.95	4.50
N_LP_L	13.03	5.91	4.83	1.97	2.12
N_LP_H	11.99	4.52	4.61	3.78	4.37

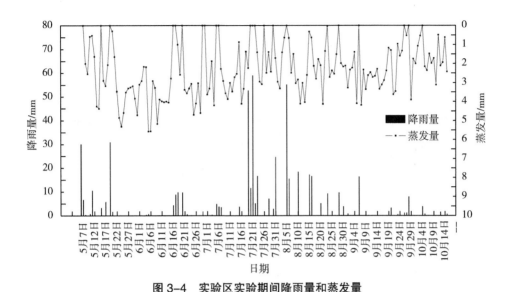

图 3-4　实验区实验期间降雨量和蒸发量

样品采集及测试方法：在每条沟渠前、中、后分别设置采样点，现场将3个采样点水样混合均匀，注入 100 mL 聚乙烯塑料瓶内，密封、低温保存后带回实验室当天进行前处理，并在一周内测试完预测指标。水样主要检测指标包括 TN、NH_4^+-N、NO_3^--N。水样中 TN 采用碱性过硫酸钾消解紫外分光光度法测定；水样经 0.45 μm 微孔滤膜过滤后，分别采用纳氏试剂法和紫外分光光度法测定 NH_4^+-N 和 NO_3^--N 含量。pH 值采用精密 pH 计测定。底泥全氮（TN）：半微量开氏法（GB7173—1987）；植物样品全氮（TN）采用 H_2SO_4-H_2O_2 消煮法制备成溶液（鲍士旦，2005）。

二、排水沟渠各组分中氮迁移转化特征

（一）排水沟渠水中氮浓度变化规律

排水沟渠水中各形态氮的浓度变化如图 3-5 至图 3-7 所示。在整个实验时期，TN、NH_4^+-N、NO_3^--N 浓度均呈现减小趋势。NH_4^+-N 很容易被土壤吸附，在硝化细菌的作用下，有一部分 NH_4^+-N 被氧化成 NO_3^--N；另一部分 NH_4^+-N 很快转化为 NH_3 并挥发至空气中，但有研究发现农田排水沟渠中通过 NH_3 挥

发而减少的 NH_4^+-N 量很少（徐红灯 等，2007）。而 6—7 月，处于气温较高阶段，NH_4^+-N 的氧化和挥发等行为可能受到一定的促进作用，导致其浓度降低。因此，NH_4^+-N 下降幅度较 TN、NO_3^--N 大。NH_4^+-N 和 NO_3^--N 是植物吸收的主要无机氮形式（Killham，1994），这有利于沟渠水中植物或临水植物对水中 NH_4^+-N 和 NO_3^--N 的吸收利用。而不同植物生长阶段，排水沟渠系统对水中氮素的截留净化能力略有不同。6 月是沟渠植物尤其是芦苇的营养生长期，以氮代谢为主，地上部分对氮、磷、钾的吸收是一年中最高的时期；其次是 6 月下旬至 8 月，碳、氮代谢均旺盛，养分供应的重点仍是地上部分；最后是 8 月下旬以后，以碳代谢为主，地上部分植株停止生长，养分主要供应地下器官（《芦苇》编写组，1982；谢成章 等，1993）。因此，三江平原沟渠芦苇植物营养生长期和碳、氮代谢旺盛期均能有效促进沟渠系统对渠水中氮素的截留净化能力，而以碳代谢为主的后期植物体内的养分下移，芦苇体内的养分主要集中在根部，为防止养分再次回流到沟渠土壤系统，建议及时刈割植物。

不同沟渠在截留时间为 0～11 天时水体中 NH_4^+-N 的浓度变化如图 3-5 所示。从图 3-5 可看出，3 个实验时期 NH_4^+-N 的浓度变化趋势相同，均在 2 天内含氮浓度高的沟渠 N_HP_L、N_HP_H 中 NH_4^+-N 下降较快，这主要是由于高浓度的 NH_4^+-N，易于土壤、植物体内形成浓度差，促进 NH_4^+-N 向水中植物、沟渠土壤扩散，被水中植物、沟渠土壤及微生物截留利用，同时在沟渠水体与沟渠底泥之间由上而下形成浓度梯度，促进上覆水中 NH_4^+-N 向底泥孔隙水中扩散，而高浓度条件下加速了水中 NH_4^+-N 向底泥中扩散的能力（蒋小欣 等，2007）。高浓度条件下，氮向沟壁方向扩散亦被加速，这不仅提升沟渠底泥和土壤对 NH_4^+-N 的吸附能力，为微生物的吸收和利用提供条件，也促进沟渠植物对 NH_4^+-N 的吸收；而低浓度条件下，上覆水中 NH_4^+-N 浓度与底泥孔隙水中浓度差相对较小，扩散速率相对减慢。另外，在实验初期，沟渠微环境呈有氧状态，有利于硝化细菌自身的吸收和作用，同时沟渠底泥和土壤也吸附一部分 NH_4^+-N。随着水淹时间的延长，沟渠底泥及淹水的土壤环境从有氧环境逐渐向厌氧环境转化，土壤中硝化细菌的硝化强度减弱，而反硝化细菌的反硝化作用得以提升，导致实验前期 NH_4^+-N 下降幅度大，而后期 NH_4^+-N 下降幅度小。

从图 3-5 亦得出，无论高、低浓度条件下，NH_4^+-N 截留能力受磷浓度的影响较小，主要因为设计磷初始浓度分别为 2 mg/L 和 4.5 mg/L，浓度梯度较小，沟渠底泥及淹水土壤的吸附位点相对较多，使得磷对 NH_4^+-N 的去除效果影响不大，尤其是对 NH_4^+-N 吸附作用的影响较小。同时渠水在排水沟渠中停留 6 天后，仅高氮高磷的沟渠（N_HP_H）中 NH_4^+-N 浓度较高外，其余高氮低磷的沟渠、低氮低磷的沟渠和低氮高磷的沟渠这 3 个处理中的 NH_4^+-N 浓度相当。6 天之后，4 个处理的沟渠 NH_4^+-N 浓度下降较缓慢，至 11 天时，沟渠水样中 NH_4^+-N 的浓度已低于最低检出限，说明延长水体的停留时间可提高排水沟渠各组分对水中 NH_4^+-N 的截留净化能力，同时可见，植物营养生长期和碳、氮代谢旺盛期渠水的停留时间为 8 天时，水体中 NH_4^+-N 的浓度就已经达到《地表水环境质量标准》（GB 3838—2002）中Ⅲ水标准，而以碳代谢的植物后期，需要延长停留时间 1 ～ 2 天也能达到《地表水环境质量标准》（GB 3838—2002）中Ⅲ水标准。排水沟渠水体中 pH 值在 6 ～ 7 范围内波动，NH_4^+-N 直接转化为氨气脱离水体的量可忽略不计，但实验初期水体 pH 值升高，再加上注水初期氧化还原电位高，有利于硝化细菌等微生物的生长繁殖，加速硝化作用的进行（姜翠玲 等，2002），这也间接验证了水中 NH_4^+-N 浓度减少的原因。从图 3-5（c）还可以看出，在低浓度进水条件下进水氮浓度较前两次实验低，以及植物吸附能力减弱和低温条件下微生物作用受限，致使高浓度 NH_4^+-N 与低浓度 NH_4^+-N 之间差值较大。

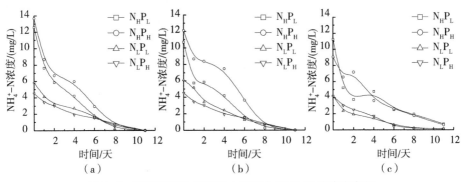

图 3-5　芦苇不同生长期排水沟渠中 NH_4^+-N 的浓度变化

排水沟渠中 NO_3^--N 的浓度变化主要是由植物吸收、微生物的硝化与反硝化作用引起的，其中微生物作用占主导作用。在实验过程中，停留时间为 $0 \sim 11$ 天时水中 NO_3^--N 的浓度变化如图 3-6 所示。从图 3-6（a）可看出 4 条处理的沟渠 NO_3^--N 浓度先增加后减少，最后趋于平稳；图 3-6（b）4 条处理的沟渠 NO_3^--N 浓度均呈现减少趋势，而图 3-6（c）4 条处理的沟渠浓度先减少后趋于平衡。这主要是因为实验前期植物生物量相对较低，硝化细菌的硝化作用在实验初期占优势，将沟渠中 NH_4^+-N 一部分被植物吸收用于自身生长，一部分被硝化细菌经硝化作用转化为亚硝态氮（NO_2^--N）、NO_3^--N 等，而由于是在有氧条件下，反硝化作用受抑制，致使 NO_3^--N 积累，而 8—9 月植物生物量较大，植物根系发达，植物吸收相对较大，消减了大量 NO_3^--N 的累积量，同时由于排水沟渠土壤和底泥在淹水条件下处于饱和状态，易产生缺氧和厌氧环境，促进反硝化细菌的作用，进一步促进水中 NO_3^--N 的去除。随着渠水停留时间的增加，水环境由好氧状态逐渐向缺氧、厌氧状态转化，厌氧细菌得以快速生长，充分利用沟渠中充足的 NO_3^--N，将其转化为 N_2O、N_2 等气体脱离沟渠系统，促进沟渠水体中 NO_3^--N 浓度减少。另外，排水沟渠上覆水中 NO_3^--N 浓度远大于底泥、土壤孔隙水中 NO_3^--N 浓度，形成浓度梯度，促进上覆水中向孔隙水扩散（谢伟芳 等，2011），降低了上覆水中 NO_3^--N 的浓度。每个实验阶段后期由于水体中 NO_3^--N 浓度（ < 2 mg/L）限制了反硝化进程（吴建 等，2009），同时沟渠中有机质等营养物质含量的减少，微生物所需的能源物质减少，在一定程度上也限制了反硝化进程。NO_3^--N 也是植物吸收的主要成分（孙志高 等，2006），但由于植物吸收相对缓慢，且短时间内吸收量有限，最终使水体中 NO_3^--N 浓度趋于平缓。如图 3-6（b）所示由于 8 月的实验处在植物生长较成熟的时期，植物的根系发达，穿透沟渠土壤，降低土壤的紧实度，促进这一时期 NO_3^--N 向更深的土层扩散，进一步减少了水体中 NO_3^--N 的含量。

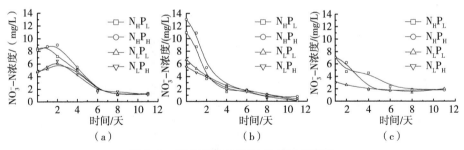

图 3-6　排水沟渠中 NO_3^--N 的浓度变化

不同排水沟渠水中总氮变化特征如图 3-7 所示。3 个时期 TN 变化趋势相似，水体在沟渠停留时间在 6 天内水体中 TN 下降较快，6 天后下降较平缓。这说明沟渠对氮的去除主要集中在进水后前 6 天，之后未出现明显变化。由于 NH_4^+-N 进入沟渠水环境中一部分直接转化为氨气挥发，脱离沟渠生态系统；另一部分被未饱和的底泥吸附，以及微生物的硝化和反硝化作用，使得沟渠水体中 TN 转化为 N_2O、N_2 等气体，从而使氮素从水体永久去除，但是硝化细菌的作用只是将 NH_4^+-N 转化为 NO_2^--N 和 NO_3^--N，却并不能使含氮化合物从水中彻底去除，仅是改变氮的存在形式。实验后期由于淹水时间过长、有机质减少、关键微生物代谢活动减弱、植物吸收缓慢，使后期 TN 浓度变化较小；而且，随着水淹时间的延长，沟渠底泥中吸附或自身有机氮分解，可能释放一部分氮，补充了水中被微生物消耗和植物吸收的量，使得实验后期氮低浓度条件下的 N_LP_L 和 N_LP_H 处理中 TN 浓度随时间变化不大。由于各个实验沟渠长度有限，而水量相对较少，再加上沟壁土壤对 NH_4^+-N 的吸附，以及水分向沟壁侧渗和扩散，已有研究表明侧渗对 NH_4^+-N 的截留率大于 TN 和 NO_3^--N（祝惠 等，2011），这说明部分 TN、NO_3^--N 随侧渗水分扩散到沟壁深层土壤水分的量较多。沟渠上覆水中 TN 浓度较大，与沟渠底泥之间形成浓度差，增加上覆水中氮向底泥孔隙水扩散的动力，加大了沟渠对水中氮素的截留能力。因此，有必要针对沟壁土壤截留氮效果进行深入研究，可进一步明确水体与沟渠土壤物质的交换情况。

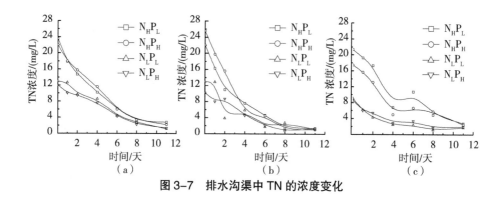

图 3-7　排水沟渠中 TN 的浓度变化

（二）排水沟渠底泥中氮含量变化规律

沟渠底泥是农田沟渠的重要组成部分，主要来自农田流失的土壤和自然形成的沉积物（徐红灯 等，2007）。沟渠底泥不仅是沟渠微生物附着及生长的场所，也是植物所需营养物质的供体。本实验主要采集排水沟渠 0 ~ 15 cm 的表层底泥。从表 3-2 看出，在连续水淹 11 天后表层底泥中全氮含量减少，而长期水淹并排水后表层底泥全氮的含量略有增加，整体而言，实验期间表层底泥全氮含量呈现略有减少的趋势。沟渠进水后表层底泥不仅吸附上覆水中的氨氮，截留下渗水体中的氮素，部分底泥中的有机氮同时发生矿化作用，随着淹水时间的延长，更易于这一矿化作用的进行（刘艳丽 等，2008），加速氮从底泥中释放，扩散到底泥附近的孔隙水或上覆水中，促进植物根系的吸收和微生物利用。再者底泥截留吸附的 NH_4^+-N 是可交换性的，易于再次释放到孔隙水中（谢伟芳 等，2011）。沟渠植物庞大的根系也可以直接从底泥中吸收氮，减少底泥中全氮含量（徐红灯 等，2007）。当沟渠底泥孔隙水氮素浓度远大于上覆水中浓度时，孔隙水中氮素向上覆水中扩散，反之，上覆水中氮素向孔隙水中扩散。由前文的水中氮变化情况研究表明，上覆水中各氮素浓度应大于孔隙水浓度，其氮素扩散方向应为上覆水向孔隙水扩散。而为了明确排水沟渠上覆水水质与其沟底孔隙水水质间的关系，需要开展进一步的研究，这部分内容将在后文进行深入讨论。表层底泥中全氮的含量减少，间接表明表层底泥损失的氮素部分为植物吸收，而大部分随水分向沟渠底泥深层迁移，这一研究同姜翠玲（2004）的研究相似。排空沟渠后由于沟渠土壤和底泥水分的蒸发，使底泥孔隙水中游离态的含氮化合物附着在土壤颗粒上，增加了沟渠底泥含氮量，由于沟渠植物落叶等有机物质的分解也添加底泥中含氮量。由此可见，排水沟渠干湿变化引起底泥中含氮量的变化。

表 3-2　排水沟渠底泥中 TN 的含量变化　　　　单位：g/kg

日期	N_HP_L	N_HP_H	N_LP_L	N_LP_H
6 月 28 日	2.806	3.31	2.88	3.625
7 月 10 日	2.491	2.001	1.987	2.056
7 月 29 日	2.015	1.924	2.723	3.082
8 月 9 日	1.645	2.372	2.147	1.637
8 月 21 日	2.065	3.066	2.663	3.449
9 月 3 日	2.593	2.820	2.182	3.679

（三）排水沟渠植物氮含量变化规律

实验区沟渠中的植物主要为芦苇和小叶章，由于实验前期沟渠经常过水冲刷，致使沟渠底部自然生长的植物较少，对比沟壁植物生物量，沟底植物的吸收量可忽略不计。沟渠植物在成熟期和衰老期的含氮量，如表 3-3 所示，上覆水中氮浓度对沟壁植物影响不明显，然而芦苇成熟期地上部分含氮量明显高于衰老期含量，说明在其生长后期芦苇地上部分氮素向地下部分迁移，将养分集聚在根部为次年植物萌发生长保存养分等（张友民 等，2006），同时凋落的植物枝叶亦影响芦苇地上部分氮含量。沟渠小叶章体内氮素在 4 条处理的沟渠中亦存在波动。另外，植物吸收的氮元素主要来源于孔隙水。孔隙水中氮素来源主要有 3 个方面：①植物通过庞大的根系，吸收沟渠孔隙水中的营养元素，并在根区形成浓度梯度，促进沟渠上覆水中氮素向孔隙水中扩散；②底泥吸附的铵态氮等含氮物质经微生物分解、底泥解吸等作用，进入沟渠孔隙水中；③沟渠沟壁土壤、沟底底泥中自身有机氮矿化或无机氮素的释放。已有研究表明，沟壁植物吸收的大部分氮来自沟壁土壤（王岩 等，2011），因此，沟渠植物尤其是沟壁植物对渠水中氮素的去除主要起到间接作用强化水体氮素的去除效应。从表3-3也可看出，沟壁植物应在秋季适时收割，既能防止芦苇等植物体内养分向根部转移，也能防止植物体内营养元素因植株分解将体内氮素重新释放，通过收割可永久性地将植物体内氮素从排水沟渠系统中去除。

表3-3　4条处理的排水沟渠植物地上部分 TN 含量　　　单位：kg/hm²

植物	生长期	N_HP_L	N_HP_H	N_LP_L	N_LP_H
芦苇	成熟期	521	782	443	770
	衰老期	447	419	315	411
小叶章	成熟期	131	98	144	58
	衰老期	138	187	127	90

第三节　排水沟渠对磷的截留净化机制

一、研究方法

试验设计和采样方法同本章第二节。水样采集后，带回实验室4℃保存，于24 h 内分析完毕。取部分水样过滤（0.45 μm 滤膜），并采用钼酸铵法测定 PO_4^{3-}-P，采用钼锑抗分光光度法测定总磷（TP）和可溶性总磷（DTP）含量。底泥中总磷（TP）利用硫酸—高氯酸消煮，采用钼蓝法测定；植物样品全磷（TP）采用 H_2SO_4 - H_2O_2 消煮法制备成溶液，用钼蓝比色法测全磷（鲍士旦，2005）。

二、排水沟渠各组分中磷迁移变化特征

（一）排水沟渠水中磷浓度变化规律

4 条处理的排水沟渠水中磷的浓度变化如图 3-8 所示。在任一实验阶段，无论是在高磷还是低磷浓度条件下，排水沟渠中磷浓度在 0 ～ 2 天均快速降低，2 天之后 4 条处理的沟渠对磷的去除基本达到稳定，继续延长截留时间对磷的去除效果变化不大。这主要是因为实验初期 PO_4^{3-}-P 易被土壤颗粒快速吸附，尤其是快速被沟壁土壤、沟底底泥吸附，同时上覆水中 PO_4^{3-}-P 浓度与底泥和土壤孔隙水中的 PO_4^{3-}-P 浓度形成浓度梯度，加速沟渠上覆水中 PO_4^{3-}-P 向底泥和土壤深层扩散。在植物根区由于植物自身生长繁殖吸收利用 PO_4^{3-}-P，在根区范围内亦形成浓度梯度差，促进植物进一步吸收。从图 3-8 可以得出，3 个试验阶段没有明显 PO_4^{3-}-P 去除差异，这说明植物不同生长阶段对 PO_4^{3-}-P 的影响较小，因为 PO_4^{3-}-P 的去除主要通过水中悬浮颗粒吸附去除。在相同截留时间条件下，4 条处理的沟渠对 PO_4^{3-}-P 去除效果相当，在 89.2% ～ 99.4%。虽然沟渠长度有限，初始水深仅 0.5 m，水量相对较少，而相对较长的截留时间（11 天），充足的沟壁土壤和沟渠底泥，都提高了沟渠对 PO_4^{3-}-P 的去除能力。这也说明三江平原在农田排水沟渠中蓄积农田排水措施，PO_4^{3-}-P 对地下水的污染潜力可以忽略不计。

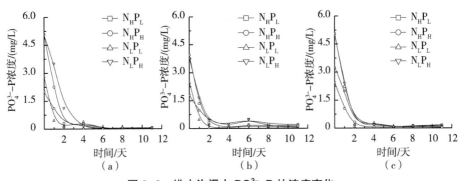

图 3-8　排水沟渠中 PO_4^{3-}-P 的浓度变化

图 3-9 为不同浓度条件下截留时间为 0 ～ 11 天时对水中 TP 的截留变化

规律。从图 3-9 得出，TP 的变化规律与 PO_4^{3-}-P 的变化规律相似，均在 0～2 天快速下降，随着截留时间的延长，排水沟渠对 TP 的截留净化效果变化不明显。正常排水磷浓度范围内，排水沟渠截留净化磷的效果均较好，去除磷的效果均较大，因此 4 条处理中沟渠对磷的去除潜力没有明显差异。这是由于实验用水中 TP 主要是由 PO_4^{3-}-P 组成，致使水中总磷亦有很好的去除效果，4 条排水沟渠的 TP 去除率分别为：a.98.4%、99%、97.59% 和 98.9%；b.90.7%、93.6%、92.5% 和 97.7%；c.95.8%、99.4%、95.1% 和 96.3%。由于磷进入农田排水沟渠中快速截留净化，水体中磷含量极低，这也说明三江平原在排水沟渠中蓄积农田排水中的磷对地下水的污染潜力也可忽略。

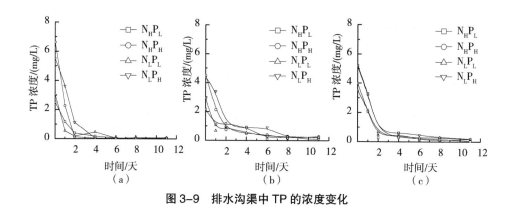

图 3-9　排水沟渠中 TP 的浓度变化

（二）排水沟渠底泥中磷含量变化规律

总体而言，排水沟渠底泥中 TP 在实验期间均呈减少趋势（表 3-4）。排水沟渠上覆水中磷浓度相对较低，易被沟渠土壤和沟渠底泥吸附，然而由于沟渠中生长大量的植物，为了自身生长发育，不断从沟渠土壤、底泥和底泥孔隙水中吸收磷素，减少底泥表面磷的含量。在淹水条件下，沟渠底泥由好氧状态逐渐向缺氧、厌氧状态转化，导致底泥中铁、铝等形态随之发生变化，使底泥吸附能力下降。虽然沟渠底泥对磷的吸附与沉淀作用是最主要的除磷途径，但底泥吸附的磷只有部分暂时储存在底泥中（Nguyen et al., 2002）。这是由于底泥对磷的吸附可能出现饱和，会使一部分磷由底泥重新释放到水中。可以说沟渠底泥的作用在某种程度上作为一个"磷缓冲器"来调节水中磷的浓度（Chescheir et al.，1992；李强坤 等，2010）。在排空沟渠中的水后，由于底泥表层处于好氧状态，而底泥中还含有较多的无定型（非晶体型）铁、铝氧化物，致使其吸附能力强，易与孔隙水中的磷形成难溶的复合物（Reddy et al.，1998），这主要是由于可溶性的无机磷化物很容易与底泥中的 Al^{3+}、Fe^{3+} 等发生吸附和沉淀反应，生成溶解度较低的磷酸盐沉积在底泥中，从而增强了土壤的去磷能力。然而再次水淹后，沟渠底泥又处于厌氧条件下，加速了底泥中含磷化合物的矿化。因此，4 条排水沟渠底泥中磷含量出现波动而整体均呈现减少趋势。同时可以看出，尽管排水沟渠可削减农田径流磷的输出，但沟渠底泥磷释放风险也大，这说明沟渠底泥中的磷是造成地表磷二次污染的主要原因之一。

表 3-4　排水沟渠底泥中 TP 的含量变化　　　　单位：g/kg

采样时间	N_HP_L	N_HP_H	N_LP_L	N_LP_H
6 月 28 日	0.832	2.583	1.501	2.004
7 月 10 日	0.707	0.945	1.157	1.139
7 月 29 日	1.968	1.423	1.21	1.232
8 月 9 日	0.627	0.925	0.541	0.542
8 月 21 日	0.812	0.722	1.057	1.163
9 月 3 日	0.770	0.745	0.623	0.948

（三）排水沟渠植物中磷含量变化规律

沟渠植物能增加沟渠的粗糙度、阻力和摩擦力，降低流速，增加水深和水力停留时间，提高水力停留时间，延长水中的营养物质停留时间等，提高含磷物质的去除能力（Kröger et al.，2009b）；植物截留水中颗粒态的磷也为自身生长而吸收磷，在植物根区形成浓度梯度，打破了底泥—水界面平衡，促进磷在上覆水—底泥—孔隙水界面的交换作用，加快磷进入底泥的速度。

植物吸收沟渠中磷的机制主要是通过根系吸收磷，并加以利用形成自身的卵磷脂、核酸及 ATP 等。虽然大型挺水植物能有效贮存磷，但所需的磷很少是从上覆水中直接吸收的，而是通过根部首先吸收底泥孔隙水中的磷，使水体与底泥之间产生浓度梯度，促进磷向下迁移，提高磷在整个沟渠系统中的净化水平。从表 3-5 可以看出，芦苇成熟期吸收氮、磷的量明显高于衰老期，这是由于植物生长到成熟期地上部分仍然能吸收水体和土壤中的部分磷素，但衰老期植物体内的磷素一部分积累在植物果实中，而大部分由植物叶向茎和根部转移，将营养成分聚积在根部。从表 3-5 展示的芦苇体内磷素含量变化，也证实了这一观点。由于小叶章是芦苇的共生植物，因此，其植物体内的含磷量呈现一定的波动，但整体而言，沟渠植物地上部分成熟期全磷含量呈增加状态，而衰老期沟渠植物地上部分呈减少状态。

表 3-5　4 条排水沟渠植物地上部分 TP 含量　　　　单位：kg/hm²

植物	生长期	指标	N_HP_L	N_HP_H	N_LP_L	N_LP_H
芦苇	成熟期	TP	68	82	90	128
	衰老期	TP	49	64	50	59
小叶章	成熟期	TP	18	19	31	11
	衰老期	TP	20	21	18	19

本章小结

本章主要分析了三江平原排水沟渠水质现状及水田对排水沟渠水质的影响，通过小尺度实验监测分析了现有耕作模式和排水沟渠管理条件下排水沟渠中农业面源污染物氮、磷的变化规律，揭示了排水沟渠截留净化氮、磷的能力。结果表明：

（1）水田水质直接决定毗邻排水沟渠水质，农田施肥、排水及暴雨径流均可引起排水沟渠水质的变化。研究结果表明，水田区排水沟渠水质较长时

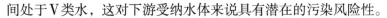

间处于 V 类水，这对下游受纳水体来说具有潜在的污染风险性。

（2）排水沟渠铵态氮（NH_4^+-N）的浓度低于水田水质，排水沟渠与水田水中硝态氮（NO_3^--N）的变化趋势相同，均在 1 ～ 4 mg/L 范围内波动，而水田中磷酸盐（PO_4^{3-}-P）浓度在实验开始阶段快速下降，下降幅度较大。研究结果表明，农田排水沟渠植物、土壤截留净化农田排水中的氮、磷物质，且农田人为排水、暴雨径流、侧渗等因素均导致排水沟渠水质较大变化，尤其是水中氮素变化。

（3）不同植物生长时期，停留 6 天时铵态氮的去除率约为 95%，硝态氮约为 80%；水体在沟渠停留 2 天时，磷素的去除率可达 90% 以上。因此，水中氮素的去除主要集中于进入沟渠后的前 6 天，而磷素的去除主要集中在停留时间 0 ～ 2 天。

（4）底泥中全氮由于枯落物、干湿变化、微生物和植物的影响，其含量波动较大；底泥中全磷由于厌氧环境、植物吸收，以及植物根系作用、底泥中释磷微生物作用等影响，总体呈减小趋势。

（5）芦苇地上部分对氮素的最大吸收量可达 782 kg/hm^2，磷素为 82 kg/hm^2；同时共生的小叶章地上部分吸收氮素的量为 98 kg/hm^2，磷素为 19 kg/hm^2，建议在优势种芦苇吸收最大时刈割植物，有利于防止植物吸收的营养物质再次返回沟渠系统中。

（6）农田排水沟渠截留净化面源污染物氮、磷的主要途径，包括沟渠底泥和土壤吸附、植物吸收利用及沟渠系统微生物代谢。

第四章

农田排水沟渠截留净化氮、磷的影响因素

农田排水沟渠截留净化渠水中氮、磷不仅与沟渠系统各组成部分有关，也与干湿变化、流速、水位、浓度等影响因素有关。开展影响因素对农田排水沟渠截留净化氮、磷能力的影响是进行沟渠截留净化氮、磷能力评价的必要环节，也是农田排水沟渠截留净化农业面源污染物负荷估算及环境影响评价的基础。本章通过田间小区和室外模拟实验，研究不同影响因素条件下三江平原现有排水管理模式下的农业面源污染物氮、磷在排水沟渠中的截留净化能力。

第一节　干湿变化对排水沟渠净化氮能力的影响

一、研究方法

采集三江平原洪河农场农田排水沟渠底泥，其理化基本性质如表 4-1 所示。根据三江平原 6—9 月末农田排水水质情况，采用 NH_4NO_3（分析纯）和 $NaH_2PO_4 \cdot 2H_2O$（分析纯）配制含总氮（TN）浓度为 10 mg/L、总磷浓度为 2 mg/L 的溶液，模拟农田排水水质。按照连续水淹（记为 CW）、干涸 4 天后再水淹（记为 DFW）、干涸 8 天后再水淹（记为 DEW）等 3 种方式处理，水深均设为 20 cm，每种处理设置 3 个平行。定期测定水体中 NH_4^+-N、NO_3^--N 和 TN 浓度变化及表层底泥（0～10 cm 处）含水率。

表 4-1　供试沉积物样品基本性质

TN/ （g/kg）	TP/ （g/kg）	CEC/ （cmol/kg）	pH 值	颗粒组成 /mm		
				< 0.002	0.002 ～ 0.02	0.02 ～ 2.00
2.14	1.12	23.69	5.1 ～ 5.8	73.21	18.47	8.33

二、干湿变化对排水沟渠中氮变化规律的影响

（一）干湿变化对水中氮迁移转化的影响

如图 4-1 所示，实验前期 CW 处理组同 DFW 处理组对 NH_4^+-N 去除效果差别不大，从第 3 天起干涸 4 天再水淹（DFW）处理对 NH_4^+-N 去除率明显高于对照组处理（CW），最终干涸 4 天再水淹处理（DFW）较对照组处理（CW）提前一天将 NH_4^+-N 去除完全。在干涸 8 天再水淹处理（DEW）条件下沟渠沉积物完全去除 NH_4^+-N 的时间仅为 4 天，较对照处理组（CW）提前 2 天完成。同时亦可得出，随着干涸时间的增加，沟渠底泥对 NH_4^+-N 的净化效率提高，但显著性分析结果（$P > 0.05$）表明以干涸 4 天再水淹处理（DFW）的沉积物对 NH_4^+-N 的净化效率提高不大。3 种处理方式下 NO_3^--N 浓度均呈现先增加后减小的趋势变化，其中连续水淹方式下 NO_3^--N 增加较明显。在对照处理（CW）方式下，实验结束时（9 天）NO_3^--N 去除率为 75.7%；干涸 8 天再水淹处理（DEW）组中 NO_3^--N 浓度变化同对照处理组（CW）NO_3^--N 浓度变化趋势相类似，但比对照处理组（CW）中 NO_3^--N 浓度增加幅度大，经过 9 天处理 NO_3^--N 去除率为 79.3%。干涸 8 天再水淹处理（DEW）条件下 NO_3^--N 浓度值到第 1 天后就开始下降，截至水淹 9 天后 NO_3^--N 去除率达到 89.0%。水体中 TN 浓度亦均呈下降趋势。在对照处理 CW 组和干涸 4 天再水淹处理（DFW）条件下，沟渠底泥对水中 TN 的去除效果相当，但水淹初始阶段对 TN 的去除率较低，3 天后底泥对 TN 的去除效果明显提高；水淹初始阶段，在干涸 8 天再水淹处理（DEW）条件下明显高于前两种方式，且增加幅度较大。

从整体上看，3 种处理方式下底泥对水中 TN 的去除效果表现为：DEW ＞ DFW ＞ CW。

颗粒的吸附和微生物作用是底泥对 NH_4^+-N 去除的主要方式（徐红灯 等，2007）。底泥对 NH_4^+-N 的吸附作用一般通过其黏土颗粒的离子交换和化学吸附等方式完成（Wim et al.，1996）。另外，水体中可供交换的 NH_4^+-N 浓度较大，促进 NH_4^+-N 向沟渠沉积物内部迁移并进行交换反应的动力较大，致使底泥的吸附量增加（徐红灯 等，2007）。底泥中微生物对 NH_4^+-N 的去除主要是通过硝化作用和自身吸收利用来完成。在实验初期 3 种处理条件下水体中 NO_3^--N 浓度都有增加，说明底泥中的硝化细菌发挥了作用。但由于水淹后沉积物中好氧微生物受到水分的胁迫（刘艳丽 等，2008），减弱了硝化细菌的活性，降低了 NH_4^+-N 经硝化作用转化为 NO_3^--N 的量，同时溶液中 NH_4^+-N 浓度减少亦减弱硝化过程，致使 NO_3^--N 增加的峰值不明显。尽管硝化细菌的作用仅将 NH_4^+-N 转化为硝态氮和亚硝态氮，但不能使含氮化合物从水体中去除，仅改变氮元素的存在形式。淹水初期由于底泥中有充足的有机碳及干涸期底泥中充足的氧气，促进异养微生物大量繁殖，吸收利用水体中部分的氮素。Hart 等（1994）研究发现，异养微生物繁殖吸收的 NH_4^+-N 量远超过硝化细菌利用的 NH_4^+-N 量。另外，由于实验初期水体呈中性，pH 值范围为 7.04 ～ 7.50，NH_4^+-N 直接转化为氨气脱离水体的量极少，可忽略不计。另外，水体中 NO_3^--N 变化主要是由底泥中微生物的硝化和反硝化作用引起的。水淹初期，硝化细菌较反硝化细菌占优势，硝化细菌经硝化作用将 NH_4^+-N 转化为 NO_3^--N，使得水体中 NO_3^--N 浓度都有所增加；随着水淹时间增加，模拟系统逐渐呈现缺氧状态，硝化细菌活动受到抑制，反硝化细菌随之大量繁殖，且系统中大量 NO_3^--N 为反硝化反应提供相应底物，反硝化强度得以提升，将 NO_3^--N 还原为 N_2O 和 N_2，使氮素从水中永久脱离。从图 4-1 还可看出，在实验初期水体中 TN 浓度呈减小趋势，说明在实验初期沉积物的吸附作用和微生物的吸收利用是水体中氮素减少的主要原因。

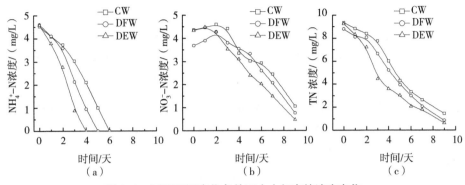

图 4-1　不同干湿变化条件下水中氮素的浓度变化

（二）干湿变化对底泥含水率的影响

图 4-2 为干涸 4 天再水淹处理（DFW）、干涸 8 天再水淹处理（DEW）条件下干涸期底泥含水率变化曲线。从图 4-2（a）可知，两种处理条件下干涸沉积物含水率均呈减小趋势。在干涸 4 天再水淹处理（DFW）条件下，沉积物含水率减小幅度较大。图 4-2（b）为沟渠沉积物在水淹期含水率随时间变化曲线，水淹后，含水率迅速得到提升，在整个水淹期，3 种处理条件下沉积物的含水率变化不大。底泥在自然状态下干涸，其含水率下降，大气中的氧向底泥中扩散，使底泥中的硝化细菌大量繁殖，不断消耗底泥中原有 NH_4^+-N，致使底泥的吸附容量不断增加，进而促进底泥对 NH_4^+-N 的吸附量。由于干涸 4 天再水淹处理（DFW）条件下，干涸时间较短，沉积物含水率变化幅度不大，引起沉积物物理、化学、生物变化不明显，致使实验初期经过干涸 4 天处理的底泥与连续水淹的底泥对 TN 的净化效果相当，但实验后期去除效果好于连续水淹处理效果。在干涸 8 天再水淹处理（DEW）条件下，底泥对水体中氮素的净化效果最好，这主要是由于干涸后的底泥因失水干燥而收缩，导致底泥表面下陷和裂隙，进水后，水体中的 NO_3^--N 可通过裂隙优先运移到下层底泥中，进而扩散到底泥厌氧层中，在反硝化细菌的作用下，还原产生 N_2O、N_2 等气体逸散出系统，降低水体中 TN 的含量。另外，干涸后再水淹，底泥的含水率突然增加，导致底泥通气性变差，增强底泥的反硝化

活性（Yan et al.，2000；Towprayoon et al.，2005）。张威等（2010）指出当土壤水分含量超过土壤充水孔隙的70%时，反硝化量急剧上升，即便土壤含水量的微小变化亦可引起反硝化速率的迅速增加。干涸后再水淹初期，系统中较高的NO_3^--N含量和淹水条件为反硝化反应创造了条件（Zou et al.，2007；Qin et al.，2010），导致经8天干涸再水淹（DEW）方式下NO_3^--N浓度变化的峰值提前，且低于连续水淹处理方式下NO_3^--N浓度变化峰值。干湿变化还可引起底泥中氧化还原电位变化，氧化还原电位高有利于氮的硝化作用，而淹水条件下氧化还原电位低，氮易发生反硝化作用，硝化与反硝化作用的交替进行，促进了沉积物对氮的净化（姜翠玲，2004）。因此，在实验期干涸—水淹条件下促进了沉积物对水体氮的净化。

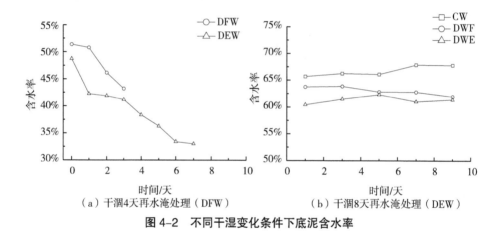

图4-2　不同干湿变化条件下底泥含水率

第二节　沟渠水流速对农田排水沟渠净化氮、磷能力的影响

一、材料与方法

选择两条水文条件、地理趋势、植被特征较一致的20 m排水沟渠，沟

渠植物为芦苇、小叶章、稗草等，并在排水沟渠入口处设置闸阀调控进水流速，进水流速设计为 0.55 m/s（低流速）和 0.80 m/s（高流速），分别记为 I 和 II，在沟渠 0 m、5 m、10 m、15 m、20 m 处采集水样，收集的水样放入移动冰箱中带回实验室，进行预处理和分析，分析方法同第三章第二节。

二、沟渠水流速对沟渠截留氮的影响

图 4-3 为不同进水流速条件下排水沟渠水体中 NH_4^+-N 的浓度变化。高、低流速条件下排水沟渠水中 NH_4^+-N 浓度均呈现减小趋势。在进水流速为 0.55 m/s 条件下，在植物不同生长阶段水中 NH_4^+-N 浓度下降幅度为：植物生长初期 > 生长中期 ≈ 生长后期。在高流速条件下，植物生长初期和后期在沟渠 5 m 的沟段 NH_4^+-N 浓度降低，之后沿程 NH_4^+-N 浓度保持平稳，而植物生长中期 NH_4^+-N 浓度呈现一定的波动，但总体呈现减小趋势。对比高、低进水流速条件下，由于沟渠长度（20 m）有限，导致沟渠中 NH_4^+-N 浓度变化不是很明显，但可看出，低流速条件促进植物生长初期排水沟渠截留能力提升，这是由于低流速条件下，水中氮、磷物质可与农田排水沟渠植物、土壤、底泥等接触进而吸收利用。

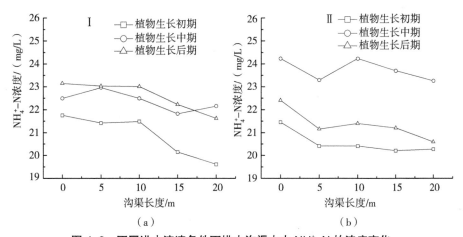

图 4-3　不同进水流速条件下排水沟渠水中 NH_4^+-N 的浓度变化

图 4-4 为不同进水流速条件下排水沟渠水中 NO_3^--N 的浓度变化。高、低进水流速条件下，水中 NO_3^--N 浓度变化无明显差别，植物不同生长阶段 NO_3^--N 浓度变化亦无明显差别。这主要是因为 NO_3^--N 带负电性，而底泥和土壤胶体亦带负电，两者相互排斥，底泥、土壤颗粒几乎不吸附水中 NO_3^--N。而植物吸收利用 NO_3^--N 的速度较慢，因此植物吸收利用对 NO_3^--N 的去除影响较小。另外，由于排水沟渠中植物增加沟壁和沟底的粗糙度，有效降低沟渠中水体流速，同时截留净化排水沟渠悬浮颗粒，增加水中 NO_3^--N 向沟壁、沟底扩散的时间，再加上沟渠长度有限，导致排水沟渠中 NO_3^--N 浓度变化波动较大。由于 NO_3^--N 不易被底泥、土壤等吸附，进水条件下 NO_3^--N 不易被截留净化，因此进水流速对 NO_3^--N 的截留净化能力影响较小，由于进水流速同沟渠植物、土壤等共同作用，导致不同渠系长度的浓度存在一定波动。

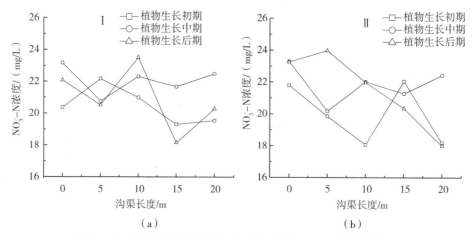

图 4-4　不同进水流速条件下排水沟渠水中 NO_3^--N 的浓度变化

三、沟渠水流速对沟渠截留磷的影响

低水流速度 I 条件下，排水沟渠水中 $PO_4^{3-}-P$ 浓度均呈现减小趋势，而由于植物不同生长阶段植物吸收利用磷素的能力，使得植物不同生长阶段 $PO_4^{3-}-P$ 浓度变化相近；高水流速度 II 条件下，不仅植物各生长阶段 $PO_4^{3-}-P$ 浓度变化差别不大，$PO_4^{3-}-P$ 浓度沿程变化也较小（图 4-5），这说明有限的沟渠

长度对截留净化 PO_4^{3-}-P 的影响较小。由于沟渠底泥、土壤富含氧化态的铁、铝化合物，易与水中 PO_4^{3-}-P 发生沉淀反应，前文研究发现 PO_4^{3-}-P 在 0～2 天就能高效去除。低水流说明渠水在实验沟段中的水力停留时间较长，为水中物质发生沉淀反应提供了较充足时间，便于磷素从水体中脱离，而高水流时水中物质反应时间较短，导致水中 PO_4^{3-}-P 浓度沿程变化不大。对比 NH_4^+-N 截留情况可知，在低水流条件下 PO_4^{3-}-P 被截留的量较大，这说明水中 PO_4^{3-}-P 不仅被沟渠底泥、土壤吸附，也易被水中悬浮物吸附截留沉淀，进而脱离水体，而进水流速越低 PO_4^{3-}-P 的去除效果相对越好。

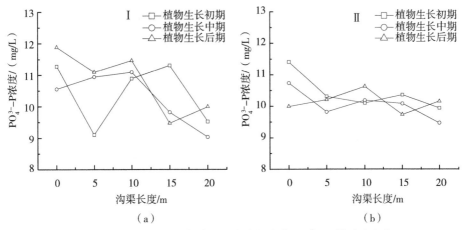

图 4-5　不同进水流速条件下排水沟渠水中 PO_4^{3-}-P 的浓度变化

第三节　水位、水田排水污染物浓度对排水沟渠净化氮、磷能力的影响

一、材料与方法

在三江平原典型农场布设高水位排水沟渠（W1）和低水位排水沟渠（W2），沟渠两端设置闸阀，调控沟渠进出水，其中 W1 水位设计为 55 cm，

W2 水位设计为 35 cm，在各沟渠前中后设置上覆水采样点同时布设孔隙水采样装置，其中孔隙水采样装置是内径 25 cm 的 PVC 管，采用虹吸法收集孔隙水。不同植物生长时期进水浓度如表 4-2 所示，表中 A 和 B 分别表示低浓度进水和高浓度进水，每次进水前均排空沟渠，而沟渠低浓度进水排空后，落干 1～2 天，再进行高浓度进水，且基于前文研究和农田需水考虑，进水后渠水均在沟渠内静止停留 5 天。同时采集沟渠植物地上部分及沟底不同土层的底泥，对其亦进行预处理和分析。另外，在沟渠前中后同一断面打入内径为 25 cm 的带孔 PVC 管，以沟底为基准面，PVC 管材打孔部位中心位置分别距离沟底 17.5 cm、37.5 cm，分别对应收集水层 15～20 cm、35～40 cm 的水样，记低水层为 L、高水层为 H，主要研究进水后渠水在沟渠内静止停留 5 天，不同水层水质情况，其进水初始水质如表 4-2 所示。采集的水样放入移动冰箱中，快速运到实验室内，进行水样前处理并分析，化学需氧量（CODcr）采用重铬酸钾法测定，其余各指标分析方法均采用第三章第二节相同方法。

表 4-2　沟渠中平均初始进水浓度　　　　　单位：mg/L

参数	植物生长初期		植物生长中期		植物生长后期	
	A	B	A	B	A	B
TN	13.55 ± 1.68	44.07 ± 1.46	14.29 ± 1.2	47.44 ± 2.57	13.86 ± 2.05	46.98 ± 2.03
TP	2.58 ± 0.28	13.56 ± 0.56	2.66 ± 0.46	12.94 ± 1.04	2.71 ± 0.37	13.87 ± 0.71
$PO_4^{3-}-P$	2.00 ± 0.18	10.18 ± 0.26	2.18 ± 0.21	10.07 ± 0.69	2.33 ± 0.18	10.58 ± 0.23
NO_3^--N	7.05 ± 0.31	19.92 ± 0.45	6.63 ± 0.45	22.12 ± 0.87	6.36 ± 0.92	22.14 ± 1.58
NH_4^+-N	5.01 ± 0.30	19.96 ± 0.16	5.68 ± 0.19	23.33 ± 0.70	5.45 ± 0.12	21.43 ± 0.87
COD_{cr}	10.78 ± 2.87	10.25 ± 3.89	11.09 ± 2.68	12.03 ± 3.53	10.95 ± 3.12	11.03 ± 5.22
pH 值	7.11	6.98	7.01	6.56	6.86	6.81

二、水位、进水浓度对农田排水沟渠各组分截留氮、磷能力的影响

（一）水位、进水浓度对排水沟渠截留氮、磷能力的影响

图 4-6 所示为低初始进水浓度条件下高水位排水沟渠（W1）和低水位排水沟渠（W2）对水中 NH_4^+-N 的截留去除能力。从图 4-6 可看出，高水位时排水沟渠中 NH_4^+-N 的去除速率高于低水位排水沟渠中的去除速率，这说明在相同的时间内高水位排水沟渠去除 NH_4^+-N 的量较多，主要是由于高水位条件沟渠中的水与沟壁土壤的接触面积较大，不仅增加了土壤对水体中 NH_4^+-N 的吸附，也促进水中 NH_4^+-N 向沟壁土壤扩散，增加土壤吸附 NH_4^+-N 量。随着植物的生长，沟渠中 NH_4^+-N 的去除速率均呈现减小趋势，且植物生长的 3 个阶段高水位时 NH_4^+-N 的去除速率分别为 0.67 g/（m^2·d）、0.55 g/（m^2·d）、0.44 g/（m^2·d）。从图 4-6 可看出，高水位时 NH_4^+-N 去除率略低于对照水位，这主要是因为高水位时渠中水量较大，水中含 NH_4^+-N 总的质量相对较高，导致较低的去除率，但对 NH_4^+-N 的总去除质量相对较高。因此，在低浓度条件下高水位有利于水中 NH_4^+-N 的截留去除。另外，植物不同生长阶段 NH_4^+-N 去除率差异不明显，这在一定程度上说明沟渠底泥和土壤吸附在 NH_4^+-N 截留净化过程中起到重要作用，而不同生长阶段的植物对 NH_4^+-N 去除的作用相当。

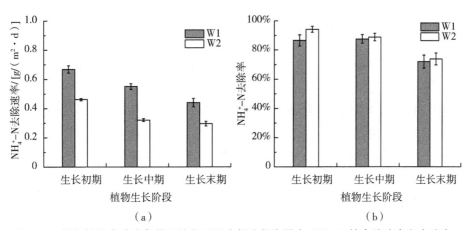

图 4-6　低初始进水浓度条件下植物不同生长阶段沟渠中 NH_4^+-N 的去除速率和去除率

图 4–7 所示为高初始进水浓度条件下植物不同生长阶段沟渠中 NH_4^+-N 的去除速率和去除率。从图 4–7 可看出，高水位排水沟渠对 NH_4^+-N 的去除速率较高，亦呈现高水位时沟渠中 NH_4^+-N 的去除速率高于低水位沟渠的结果，但两条沟渠中 NH_4^+-N 的去除率无明显差异。对比低浓度条件下，高浓度条件下 NH_4^+-N 的去除速率明显较高，其中高水位排水沟渠中 NH_4^+-N 去除速率均高于 1.40 g/（$m^2 \cdot d$），低水位沟渠中 NH_4^+-N 去除速率也均高于 0.80 g/（$m^2 \cdot d$），这说明高水位条件下沟渠土壤吸附和植物吸收利用促进 NH_4^+-N 的去除，这是因为高水位条件下，排水沟渠水体与沟渠植物、土壤等充分接触，进一步强化了 NH_4^+-N 的去除效果。而高浓度条件下，由于渠水中 NH_4^+-N 的总质量较高，致使这一条件下各沟渠中 NH_4^+-N 去除率低于低浓度条件下各沟渠中 NH_4^+-N 去除率。

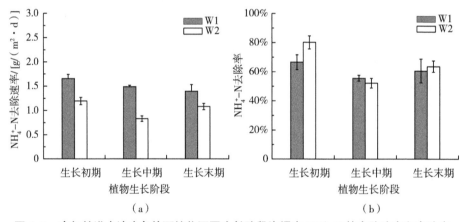

（a）　　　　　　　　　　　　　（b）

图 4–7　高初始进水浓度条件下植物不同生长阶段沟渠中 NH_4^+–N 的去除速率和去除率

图 4–8 所示为低初始进水浓度条件下高水位排水沟渠和低水位排水沟渠中 NO_3^--N 的去除速率和去除率。高水位排水沟渠中 NO_3^--N 的去除速率明显高于低水位排水沟渠中 NO_3^--N 的去除速率，且随植物的生长高水位排水沟渠中 NO_3^--N 的去除速率呈减小趋势，而低水位排水沟渠 NO_3^--N 的去除速率呈现一定的波动。低浓度条件下，两种处理的沟渠中 NO_3^--N 的去除率由于 NH_4^+-N 转化成 NO_3^--N、植物吸收及向底泥和土壤中扩散等程度不同，致使在植物不

同生长阶段亦呈现一定波动。高浓度条件下，两种处理的沟渠中 NO_3^--N 的去除速率明显高于低浓度条件下沟渠中 NO_3^--N 的去除速率，但由于高水位条件下 NO_3^--N 总质量较大导致高水位条件下有较低的 NO_3^--N 去除率。另外，由于沟渠中充足的 NO_3^--N 为植物的吸收提供条件，同时为水中 NO_3^--N 向沟渠土壤中扩散提供动力（徐红灯 等，2010），这一现象在高水位条件下得以提升（图 4–9）。

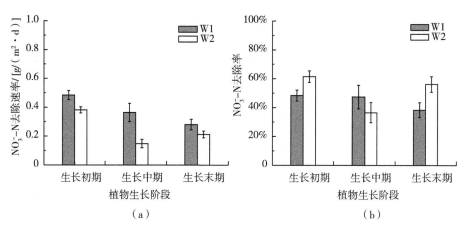

（a） （b）

图 4–8 低初始进水浓度条件下植物不同生长阶段沟渠中 NO_3^-–N 的去除速率和去除率

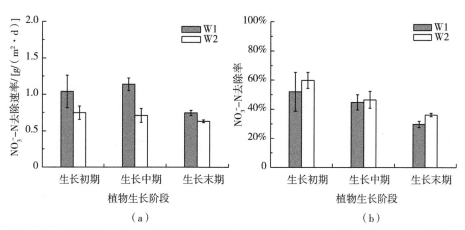

（a） （b）

图 4–9 高初始进水浓度条件下植物不同生长阶段沟渠中 NO_3^-–N 的去除速率和去除率

图 4–10、图 4–11 分别为低、高初始进水浓度条件下植物不同生长阶段沟渠中 PO_4^{3-}-P 的去除速率和去除率。在低浓度条件下，由于高水位增加水体与沟壁土壤接触面积，也便于沟壁植物从土壤中直接吸收磷素，亦可直接从水中吸收磷素，进而促进高水位提高 PO_4^{3-}-P 的去除速率，但由于高水位条件下水量较大，致使植物生长的 3 个阶段高水位排水沟渠中 PO_4^{3-}-P 的去除率略低于低水位排水沟渠，同时可看出，低浓度条件下，随着植物的生长发育，高水位排水沟渠和低水位排水沟渠中 PO_4^{3-}-P 的去除率均呈减小趋势，这说明植物不同生长阶段对水中 PO_4^{3-}-P 的吸收亦不同，植物生长初期吸收磷素较快、吸收量较多，随后吸附量相对减少、吸附速率减小。对比低浓度条件下 PO_4^{3-}-P 去除速率和去除率变化，高浓度条件下两条沟渠中 PO_4^{3-}-P 去除速率较高，而 PO_4^{3-}-P 去除率相对较低，这与沟渠水中 PO_4^{3-}-P 总质量有关。纵观高低浓度条件下发现，高水位亦提高水中 PO_4^{3-}-P 去除速率，有利于水中磷素去除。

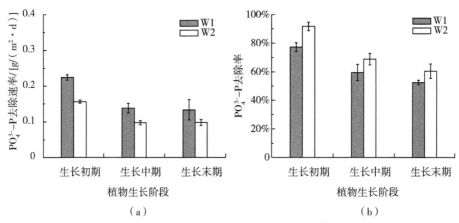

（a）　　　　　　　　　　　（b）

图 4–10　低初始进水浓度条件下植物不同生长阶段沟渠中 PO_4^{3-}–P 的去除速率和去除率

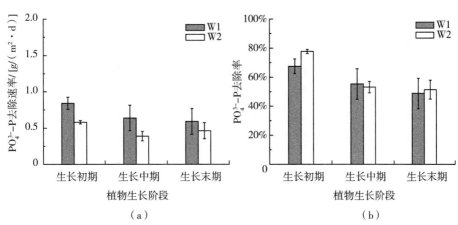

图 4-11　高初始进水浓度条件下植物不同生长阶段沟渠中 PO_4^{3-}–P 的去除速率和去除率

（二）水位、进水浓度对底泥中氮、磷含量的影响

沟渠底泥不同土层平均容重为 $1.20 \sim 1.35\ \mathrm{g/cm^3}$，底泥中碳（C）、氮（N）、磷（P）储存量采用式（4-1）计算（Wu et al.，2010）：

$$T_C = \frac{\sum_{i=j}^{m} d_i \times h_i \times C_i}{10};\qquad (4\text{-}1)$$

式中：T_C（$\mathrm{kg/m^2}$）表示从第 j 层到第 m 层碳（氮、磷）储存量；d_i（$\mathrm{g/cm^3}$）表示第 i 层底泥平均容重；h_i（cm）表示底泥土层的厚度；C_i（%）表示第 i 层碳（氮、磷）的百分含量。

在整个实验时期，不同水位的沟渠底泥中氮、碳的累积量均呈现波动，但差异性不明显（$P > 0.05$）（图 4-12）。底泥中磷的累积量均呈现较小趋势，而这种减小趋势为：8月中旬前呈波动变化但未出现增加或减少，之后明显减少，最后保持平稳状态，这说明这一期间含磷化合物被分解而释放量较其他时期大，致使之后含量相对减少。但高水位已引起沟渠底泥厌氧环境的出现。Reddy 等（1998）研究发现好氧条件下，底泥中铁、铝呈无定性的氧化态形式，吸附能力强，易与磷形成难溶的复合物。但由于长期过水、淹水，沟渠底泥微环境出现缺氧、厌氧状态的概率增大，致使铁、铝等形态发生变化，导致底泥吸附磷能力下降，也促进底泥中释磷菌的活性，这也削弱了磷的去除。

曹世玮等（2010）研究指出玄武湖中高水位情况下底泥界面的厌氧状态造成磷的释放量和释放速率均高于低水位情况，这是由于底泥内源磷的释放主要是由底泥中的有机磷和铁铝结合态磷的转化引起的。高水位条件下底泥中有机磷释放量大于低水位条件下磷的释放量，但这些研究在湖泊中较明显，而排水沟渠中由于水位相对湖泊水位较低，因此水位对沟渠底泥中磷的释放影响不明显。此外，他们也指出底泥中释磷微生物的作用要大于物理和化学释磷作用，由此可见，沟渠底泥中磷素的变化主要是由微生物作用、物理、化学作用及植物吸收决定的。

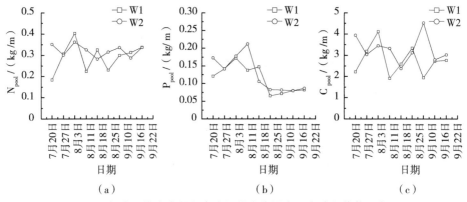

图4-12　低水位排水沟渠和高水位排水沟渠底泥中碳和营养元素积累

（三）水位、进水浓度对沟渠植物中氮、磷含量的影响

从表4-3可以看出，低水位排水沟渠沟壁和沟底植物有较大的生物量，植物积累氮、磷的总量高于高水位排水沟渠，但低水位排水沟渠沟底植物生物量明显低于沟壁植物，植物积累的氮、磷量也低于沟壁植物积累量，同时亦可以发现植物积累的氮量明显高于植物积累的磷量，这说明植物从沟渠系统吸收的氮量较多。而高水位排水沟渠的水淹植物生物量，植物积累氮、磷总量均低于低水位排水沟渠，这主要是因为长期高水位淹水条件，导致沟渠系统尤其沟底植物数量减少，进而影响沟渠整体生物量及植物积累氮、磷的量。同时在实验现场发现，高水位排水沟渠由于水位较高，部分沟段出现沟壁滑坡的现象，进而影响沟壁植物总的生物量。因此，使得20 m的低水位

排水沟渠系统植物吸收氮总量为 680.6 g，磷总量为 143.36 g；高水位排水沟渠植物吸收氮总量为 545.5 g，磷总量为 118.6 g。此外，两条沟渠均经过相同高、低浓度交替进水处理，且渠水在沟渠中截留时间较短，导致进水浓度对沟渠植物吸收氮、磷量的影响不明显。

表 4-3　沟渠植物地上部分积累氮、磷含量

处理		生物量 / (kg/hm²)	植物积累 N/ (kg/hm²)	植物积累 P/ (kg/hm²)	植物 TN/g	植物 TP/g	占投加 TN 的比例 /%	占投加 TP 的比例 /%
对照水位	沟壁	1607.8	139.3	29.4	557.3	117.7	44.2	9.34
	沟底	981.9	123.3	25.7	123.3	25.7	1.1	0.2
高水位	沟壁	1325.4	114.9	23.1	459.7	92.3	20.3	4.1
	沟底	869.5	85.8	26.3	85.8	26.3	3.8	1.2

（四）水位、浓度对底泥孔隙水中氮、磷含量的影响

低浓度条件下，底泥孔隙水中 NH_4^+-N 浓度在植物生长初期和中期两条沟渠均呈现减小趋势，而植物生长后期孔隙水中 NH_4^+-N 浓度变化不明显（图 4-13）。另外，在低浓度条件下，植物生长初期和后期，高水位排水沟渠孔隙水中 NH_4^+-N 浓度低于低水位排水沟渠孔隙水中 NH_4^+-N 浓度，这是由于高水位加剧沟壁滑塌，增加孔隙水收集区底泥的厚度，增加吸附了孔隙水中 NH_4^+-N 的吸附量，此外，由于植物生长后期两条沟渠底泥厚度均增加，致使这一时期 NH_4^+-N 浓度变化不大。但由于植物生长中期，受植物吸收快慢和底泥吸附量等影响，使得高水位时孔隙水中 NH_4^+-N 浓度略高于对照水位。图 4-14 为高初始进水浓度条件下不同水位孔隙水中 NH_4^+-N 浓度变化。从图 4-14 上可看出，不同植物生长阶段，高水位排水沟渠孔隙水中 NH_4^+-N 浓度高于低水位排水沟渠孔隙水中 NH_4^+-N 浓度，且植物生长初期和中期，排水沟渠孔隙水中 NH_4^+-N 浓度均呈减小趋势，而在植物生长后期，排水沟渠孔隙水中 NH_4^+-N 浓度略有积累；而高水位排水沟渠中，仅在植物生长初期表现出减小趋势，其余植物生长阶段孔隙水中 NH_4^+-N 浓度保持平稳且浓度较低，其浓度

均 < 3 mg/L，但高于同一时期低浓度条件下对应沟渠孔隙水中 NH_4^+-N 浓度。这主要是因为在高浓度条件下，增加了上覆水与孔隙水中 NH_4^+-N 的浓度差，促进上覆水中 NH_4^+-N 向沟渠底泥中扩散，进而增加孔隙水中 NH_4^+-N 的浓度，再加上高水位排水沟渠因滑塌增加底泥厚度，增加底泥对 NH_4^+-N 的总吸附量，致使高水位条件下 NH_4^+-N 的浓度相对较低。而在植物生长后期，排水沟渠中底泥亦增加但不及高水位排水沟渠增加的幅度大，因此，排水沟渠实验后期 NH_4^+-N 的浓度略有增加。

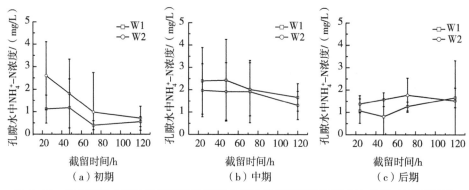

图 4-13　低初始进水浓度条件下植物不同生长阶段沟渠底泥孔隙水中 NH_4^+-N 浓度变化

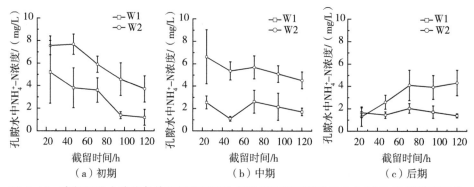

图 4-14　高初始进水浓度条件下植物不同生长阶段沟渠底泥孔隙水中 NH_4^+-N 的浓度变化

图 4-15 是低初始进水浓度条件下高水位排水沟渠和低水位排水沟渠孔隙水中 NO_3^--N 浓度变化情况。沟渠孔隙水中 NO_3^--N 浓度变化与同一时期孔隙水中 NH_4^+-N 浓度变化相似，亦在植物生长初期和后期高水位排水沟渠孔隙水

中 NO_3^--N 浓度高于低水位排水沟渠中 NO_3^--N 浓度，而植物生长中期高水位排水沟渠 NO_3^--N 浓度却低于低水位排水沟渠，这主要是因为不仅上覆水中 NO_3^--N 向孔隙水中扩散，亦有大部分 NH_4^+-N 转化成 NO_3^--N，致使孔隙水中 NO_3^--N 浓度呈现这一现象。图 4-16 所示为高初始进水浓度条件下高水位排水沟渠和低水位排水沟渠孔隙水中 NO_3^--N 浓度变化。由于上覆水中 NO_3^--N 浓度与孔隙水中 NO_3^--N 浓度差较大，促进上覆水中 NO_3^--N 向下扩散，又由于 NO_3^--N 呈负电性，而底泥团聚体亦显示负电性，致使底泥不易吸附 NO_3^--N，再加上植物吸收，使得高初始进水浓度条件下底泥孔隙水中 NO_3^--N 浓度均较高，且基本保持平稳。此外，由于底泥厚度和植物不同生长阶段吸收能力的不同，使得植物不同生长阶段孔隙水中 NO_3^--N 浓度不同。

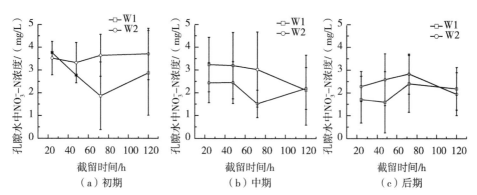

图 4-15　低初始进水浓度条件下植物不同生长阶段沟渠底泥孔隙水中 NO_3^--N 的浓度变化

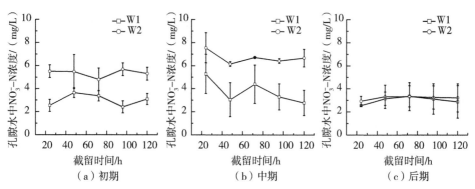

图 4-16　高初始进水浓度条件下植物不同生长阶段沟渠底泥孔隙水中 NO_3^--N 的浓度变化

由于底泥中含易与可溶性的无机磷化物发生沉淀反应的 Al^{3+}、Fe^{3+} 等离子，因此，使得高初始进水浓度和低初始进水浓度条件下沟渠底泥孔隙水中 PO_4^{3-}-P 浓度较低，其中低浓度条件下孔隙水中 PO_4^{3-}-P 浓度 < 0.8 mg/L（图 4–17），高初始进水浓度条件下其浓度 < 1.5 mg/L（图 4–18）。在低初始进水浓度条件下，植物生长初期、中期和后期，高水位排水沟渠与低水位排水沟渠孔隙水中 PO_4^{3-}-P 浓度差异不明显，但植物生长中期和后期，高水位排水沟渠孔隙水中 PO_4^{3-}-P 浓度略高于低水位排水沟渠，这说明植物吸收相对植物生长初期较慢，同时底泥吸附达到动态平衡，致使这两个时期 PO_4^{3-}-P 浓度得以积累。高初始进水浓度条件下，孔隙水中 PO_4^{3-}-P 浓度略高于同一时期低浓度条件下孔隙水中 PO_4^{3-}-P 浓度，但不同植物生长阶段差异不明显（$P >$ 0.05），同时由于植物吸收及底泥厚度增加，使得高水位排水沟渠和低水位排水沟渠中孔隙水中 PO_4^{3-}-P 浓度具有相似的变化趋势。

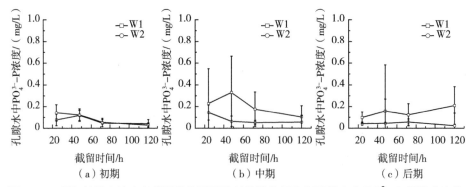

图 4–17　低初始进水浓度条件下植物不同生长阶段沟渠底泥孔隙水中 PO_4^{3-}–P 的浓度变化

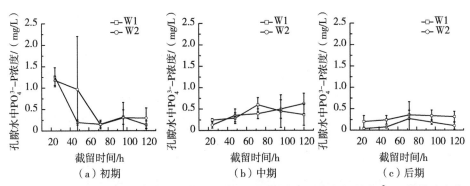

图4-18　高初始进水浓度条件下植物不同生长阶段沟渠底泥孔隙水中 PO_4^{3-}-P 的浓度变化

三、高水位条件下不同水层水质变化特征

（一）低初始进水浓度条件下不同水层水质变化

图4-19 所示为低初始进水浓度条件下植物不同生长阶段不同水层中 NH_4^+-N 浓度变化情况。从图4-19 可看出，无论是上层还是下层中 NH_4^+-N 浓度均呈减小趋势。这是由于浓度较低，上覆水—底泥/土壤—孔隙水中浓度差较小，上覆水中 NH_4^+-N 向底泥/土壤和孔隙水中扩散动力较弱；再者，因植物生长周期的原因和温度影响而吸收 NH_4^+-N 较少，致使在植物生长初期和中期高水层中 NH_4^+-N 浓度与低水层中 NH_4^+-N 浓度变化无差别，而由于植物生长后期三江平原气温较前两个时期低（一般平均气温13.9 ℃），影响上覆水中 NH_4^+-N 的扩散的同时，亦影响底泥/土壤吸附及植物吸收，另外由于植物生长后期植物根系成熟且庞大，吸收利用水中 NH_4^+-N 较多，同时促进水中 NH_4^+-N 向土壤中扩散，这进一步促进了 NH_4^+-N 在水体中的分层现象出现。

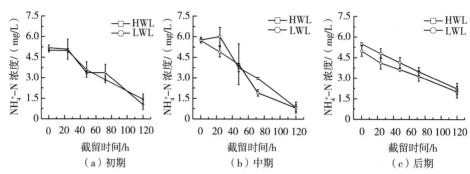

图 4-19　低初始进水浓度条件下植物不同生长阶段不同水层中 NH_4^+-N 的浓度变化

由于水中 NO_3^--N 浓度受 NH_4^+-N 硝化作用、植物吸收的影响，致使高水位排水沟渠中 NO_3^--N 浓度下降幅度较小（图 4-20），且实验结束时 3 个时期的 NO_3^--N 出水浓度相当，这说明 3 个时期高水位排水沟渠截留净化 NO_3^--N 能力相当，另外不同时期沟渠中不同水层呈现出相似的变化趋势，但是高水层和低水层 NO_3^--N 浓度相当，其分层现象不明显，而且植物不同生长阶段又略有差异。这也是由于植物不同阶段吸收能力的不同所致。从图 4-20 还可得出，在每个实验阶段 NH_4^+-N 经过微生物硝化作用转化较多的 NO_3^--N，使水中 NO_3^--N 浓度略有积累，这一现象在植物生长初期和后期较明显，这是因为植物生长初期和后期的时候，植物吸收利用 NO_3^--N 的量较少，且 NO_3^--N 主要通过微生物作用去除。

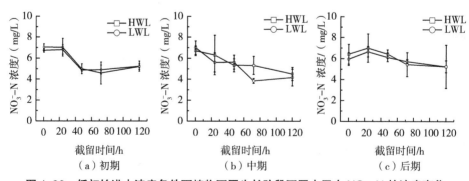

图 4-20　低初始进水浓度条件下植物不同生长阶段不同水层中 NO_3^--N 的浓度变化

植物生长初期上层与下层中 PO_4^{3-}-P 浓度呈现几乎相同的变化趋势，无分层现象，而植物生长中期和后期，沟渠水体上层 PO_4^{3-}-P 浓度略高于下层 PO_4^{3-}-P 浓度（图 4-21），这主要是因为植物生长中后期，植物能较多利用底泥中的磷，使得底泥中磷含量减少，促进沟壁上覆水中 PO_4^{3-}-P 向沟壁底泥、土壤中扩散，进而引起上覆水中 PO_4^{3-}-P 浓度出现水质分层现象，其中植物生长后期这一现象较为明显。

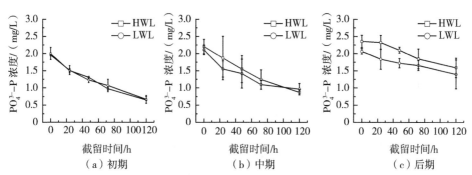

图 4-21　低初始进水浓度条件下植物不同生长阶段不同水层中 PO_4^{3-}-P 的浓度变化

（二）高初始进水浓度条件下不同水层水质变化

图 4-22 为高初始进水浓度条件下植物不同生长阶段不同水层中 NH_4^+-N 的浓度变化。对比低初始进水浓度条件发现，高初始进水浓度条件下 NH_4^+-N 浓度在植物生长中期和后期上层 NH_4^+-N 浓度高于下层 NH_4^+-N 浓度，而植物生长初期这一现象不明显，这主要是因为植物生长初期，植物的输氧能力不及后两者，且由于这一时期植物生物量较小，植物吸收 NH_4^+-N 的量有限，以及高温条件也会促进 NH_4^+-N 在水层的扩散，而植物生长中后期，植物生物量显著增加，且三江平原气温相对较低，以及植物庞大的根系系统和植物的输氧能力较强，增加底泥表面含氧量，增加下层含氧量，促进下层 NH_4^+-N 的硝化、反硝化。另外，下层离沟底底泥和沟壁土壤较近，这进一步加强下层 NH_4^+-N 被吸附，尤其在植物生长后期，沟壁土壤存在滑坡现象也影响低水层中 NH_4^+-N 的浓度变化。

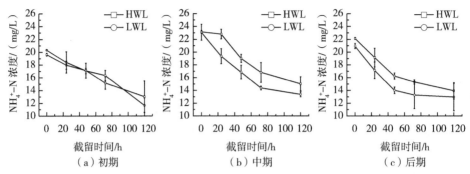

图 4-22　高初始进水浓度条件下植物不同生长阶段不同水层中 NH_4^+-N 的浓度变化

在高初始进水浓度条件，植物生长初期和中期，沟渠上覆水中 NO_3^--N 浓度积累相对较明显（图 4-23），但由于 NH_4^+-N 硝化作用的影响，使上覆水各水层 NO_3^--N 浓度呈现一定的波动。上覆水中 NO_3^--N 除一部分扩散到沟渠底泥和土壤中外，其余由植物生长吸收，而由 NH_4^+-N 转化为 NO_3^--N 较多，导致在植物生长初期下层 NO_3^--N 浓度略高于高水层 NO_3^--N 浓度，随着截留时间延长，高水层 NO_3^--N 浓度又高于低水层 NO_3^--N 浓度，这可能是由于随着停留时间的延长，下层水体从缺氧逐渐向厌氧环境转变，这有利于微生物对 NO_3^--N 的反硝化作用，使得下层水中 NO_3^--N 的浓度低于上层水中 NO_3^--N 浓度；同时还由于底泥和土壤孔隙水与上覆水之间较大的 NO_3^--N 浓度差，也能促进 NO_3^--N 向土壤中扩散。而在植物生长中后期高水层 NO_3^--N 浓度略高于低水层 NO_3^--N 浓度，但差异不明显。

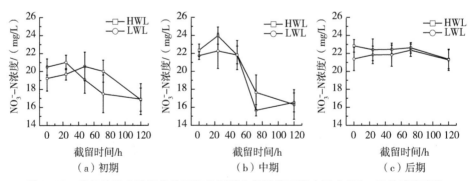

图 4-23　高初始进水浓度条件下植物不同生长阶段不同水层中 NO_3^--N 的浓度变化

图 4-24 为高初始进水浓度条件下植物不同生长阶段不同水层中 PO_4^{3-}-P 的浓度变化。从图 4-24 可看出，植物不同生长阶段 PO_4^{3-}-P 均呈减小趋势。植物生长初期高水层 PO_4^{3-}-P 浓度与低水层 PO_4^{3-}-P 浓度无差别，而植物生长中后期，高水层 PO_4^{3-}-P 浓度高于低水层 PO_4^{3-}-P 浓度，这主要是因为低水层离植物根系较近，便于植物直接吸收，同时由于农田排水沟渠特殊的几何特征，低水层水分与沟底底泥和沟壁土壤距离较近，亦便于底泥和土壤对其吸附，再加上不同水层水温的影响，尤其植物生长后期气候温度较低，也严重影响排水沟渠水体不同水层温度，致使上覆水中 PO_4^{3-}-P 浓度出现分层。

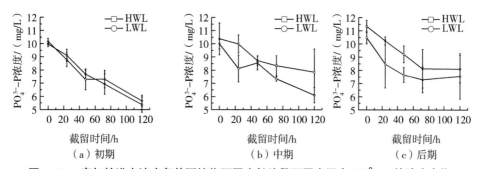

图 4-24　高初始进水浓度条件下植物不同生长阶段不同水层中 PO_4^{3-}-P 的浓度变化

本章小结

本章主要通过小区实验研究不同进水流速、干湿变化、水位及初始进水浓度等关键影响因素对排水沟渠截留净化氮、磷能力的影响，评价不同影响因素条件下沟渠截留氮、磷能力。主要结果如下。

（1）连续水淹（CW）、干涸 4 天再水淹（DFW）及干涸 8 天再水淹（DEW）条件下，总氮去除率分别为 84.5%、90.2%、93.3%。沟渠短期干涸（8 天）再水淹，有利于沟渠底泥对水中氮的去除。这间接说明三江平原因降雨而呈现的干湿变化有利于沟渠底泥对蓄积在排水沟渠中水体氮的去除。

（2）低进水流速条件可有效延长水力停留时间，有利于沟渠沟壁土壤和

底泥对过水中 NH_4^+-N 和 PO_4^{3-}-P 截留吸附，而且低流速条件可减少过水对沟壁的冲刷，降低水土流失和沟壁土壤滑坡的风险性，也有利于沟底植物和临水植物的保育。

（3）高水位提高了水中 NH_4^+-N、NO_3^--N 和 PO_4^{3-}-P 的去除速率，减少沟渠植物生物量，导致沟壁土壤坍滑，致使孔隙水中 NH_4^+-N、NO_3^--N 和 PO_4^{3-}-P 浓度相对较低，但对底泥中 TN、TP 和碳的影响不大。低初始进水浓度条件下水中 NH_4^+-N 和 PO_4^{3-}-P 的去除率较高，均在 70% 以上；高初始进水浓度条件下，3 种物质均有较高的去除速率，而且沟渠上覆水中氮、磷浓度影响孔隙水中氮、磷浓度。植物不同生长阶段对水中氮、磷的吸附能力不同，且孔隙水中氮、磷浓度也未表现出明显的季节变化。为防止高水位加速沟壁土壤的滑坡，建议沟渠蓄存排水时，水位不应高于沟渠深度的 2/3。

（4）在高水位排水沟渠中，低初始进水浓度条件下，仅在植物生长后期高水层 NH_4^+-N 和 PO_4^{3-}-P 浓度高于低水层 NH_4^+-N 和 PO_4^{3-}-P 浓度；而高初始进水浓度条件下，高水层 NH_4^+-N、NO_3^--N 和 PO_4^{3-}-P 在植物生长中后期均高于低水层浓度，而不同水层 NO_3^--N 浓度差值较小，这说明排水沟渠水质表现出分层现象，但这一分层现象是由沟渠底泥、土壤、植物及水温等共同作用的结果。

第五章

三江平原农田排水沟渠补种植物和基质坝基质筛选

根据前文的研究结果可知，沟渠植物和进水流速在排水沟渠截留净化氮、磷过程中起到重要作用，然而在农田排水沟渠现状中，沟渠植物分布不均匀，尤其是沟渠底部和临水位置由于经常过水冲刷致使植物生物量很少。因此，有必要对农田排水沟渠现状进行适当改造，如补种植物、布设基质坝等。本章借助田间实验和室内实验，研究不同植物配置的排水沟渠中氮、磷浓度的变化特征，筛选出吸收氮、磷能力较强的沟渠植物，同时对比研究不同基质吸附氮、磷的能力，筛选较优基质作为基质坝填充基质。

第一节　不同植物配置排水沟渠中氮、磷的变化特征

一、材料与方法

在研究区分别选择以芦苇和小叶章为主要植物种类的两条农田排水沟渠，并分别截取排水沟渠长度 20 m，沟渠下底宽 0.5 m，上口宽 2.5 m，在农田排水沟渠前后两段分别设置进水口和排水口，以防影响农田正常排水，采用尿素和磷酸二氢钠进行人工配水，模拟大田施肥和排水，于 6 月 3 日、7 月 1 日配水，监测排水沟渠水体污染物（NH_4^+-N、NO_3^--N、PO_4^{3-}-P）的浓度变化，研究在现有农田排水管理条件下，不同植物配置排水沟渠中水质的变化特征。

二、不同植物配置排水沟渠中氮、磷的变化

芦苇沟渠和小叶章沟渠 NH_4^+-N、NO_3^--N、PO_4^{3-}-P 变化规律相似，各指标无明显差异（图 5-1），主要因为沟渠植物大多集中在沟壁，由于植物生长期关系，植物短期内直接从水体中吸收量有限，所以芦苇沟渠和小叶章沟渠变化规律类似。另外，实验前期 NH_4^+-N 变化幅度较 NO_3^--N 变化大，这是由于沟渠内土壤、底泥吸附部分铵态氮（徐红灯 等，2007）；同时由于排水沟渠水深较浅，NH_4^+-N 硝化作用占主导地位（王沛芳 等，2007）。而 NO_3^--N 的变化主要由硝化作用、反硝化作用调节，以及植物吸收利用，底泥、土壤由于是带负电的胶体，不易被吸附，使水中 NH_4^+-N 变化幅度较 NO_3^--N 的变化大。实验模拟稻田仅在实验初期施磷肥，不仅植物快速吸收磷素，土壤和底泥也吸附大量磷素，这是由于在土壤、底泥中生长的微生物种类和数量多，有助于吸附、降解含磷污染物；同时底泥中的 Al^{3+}、Fe^{3+} 等易于和无机磷发生吸附和沉淀反应，生成溶解度很低的磷酸铁或磷酸铝等沉积在底泥中（Robert et al.，2007）进而增强了土壤的去磷能力。因此，实验初期磷素快速下降。由于底泥对磷素吸附在一定程度上是"缓冲"过程，水中浓度过低时，不可避免的就是底泥释放磷素，使实验后期磷素呈动态平衡。然而，芦苇生长期一般为5—9月，而小叶章的生长期为5—8月，8月初小叶章呈现出枯萎现象，且不及芦苇的生物量大、生长期长，故选择芦苇作为农田排水沟渠的补种植物。

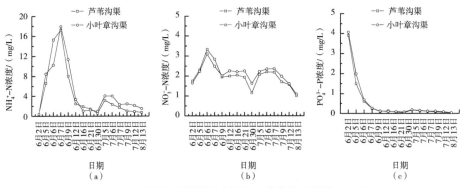

图 5-1 不同植物配置排水沟渠中营养物质的浓度变化

第二节　基质坝基质对水中氮、磷的截留效应

一、材料与方法

实验材料首选黑龙江省典型洪河农场供暖大锅炉房的炉渣、改性赤泥和火山石作为填充基质开展预实验。在预实验结果的基础上筛选出较优的填充基质，以及三江平原洪河农场农田排水沟渠底泥，底泥首先去除杂草和植物残根等，现场混合均匀带回实验室备用，另外，取炉渣与底泥干样按 7∶3 比例混合（干重）制成炉渣 +30% 底泥混合基质，其中炉渣粒径 < 15 mm。

（一）吸附热力学性质

分别取高钙废渣、改性赤泥和火山石 3 g 置于装有 50 mL 浓度分别为 5 mg/L、10 mg/L、25 mg/L、50 mg/L、100 mg/L、200 mg/L、300 mg/L、500 mg/L、1000 mg/L 氯化铵溶液的烧杯中。每组 3 个重复。室温条件下，振荡 48 h 后，离心机以 4000 r/min 的转速离心 10 min。上清液氨氮采用纳氏试剂比色法（GB 7479—87）测定。

一般认为，基质对氨氮的吸附主要为物理吸附，故分别采用 Langmuir、Freundlich、Henry 3 种等温吸附方程对不同基质的脱氮效果进行拟合。

Langmuir、Freundlich、Henry 方程分别表示为：

$$W = \alpha_L \cdot W_S \cdot C / (1 + \alpha_L \cdot C), \qquad （5-1）$$

$$W = K_F \cdot C^{1/n}, \qquad （5-2）$$

$$W = K_H \cdot C。 \qquad （5-3）$$

式中：C 为溶液吸附平衡浓度，mg/L；W 为单位吸附量，mg/kg；W_S 为饱和吸附量，mg/kg；α_L 表示单层吸附量和吸附能有关的常数；K_F 和 n 是 Freundlich 等温方程的特征参数；K_H 为吸附常数。

基于以上研究，称取 10 g 炉渣和炉渣 +30% 底泥，以及相当于 10 g 干重的底泥鲜样，分别置于 250 mL 三角瓶中，加入 200 mL 标准溶液配制不同浓度的铵态氮（NH_4^+-N）溶液，其中底泥均经过灭菌处理。同时称取相同质量

的基质，分别置于 250 mL 三角瓶中，加入 200 mL 标准溶液配制一定浓度的磷酸盐磷（PO_4^{3-}-P）溶液。在室温（25 ~ 30 ℃）条件下以 130 ~ 140 r/min 振荡 48 h 至吸附平衡之后，将样品先过普通滤膜，再用 0.45 μm 滤膜过滤后，进行下一步测试。本实验每一浓度下均做 3 个重复。经分析测试得到水体中 NH_4^+-N 和 PO_4^{3-}-P 的吸附平衡浓度，按吸附前后的浓度差计算吸附量。

（二）吸附动力学性质

称取 10 g 炉渣、炉渣 +30% 底泥，以及相当于 10 g 干重的底泥（底泥均经过灭菌处理），分别置于一系列 250 mL 三角瓶中，并加入 200 mL 标准溶液配制的 NH_4^+-N（50 mg/L）和 PO_4^{3-}-P（50 mg/L）实验水样，在室温下恒温振荡（130 ~ 140 r/min），每隔一定时间取下一组三角瓶，将样品依次过普通滤膜，再用 0.45 μm 滤膜过滤后，进行下一步测试。上述实验在相同条件下均做 3 个重复。

（三）底泥硝化反应速率

称取 15 g 新鲜沟渠底泥，分别置于两组 250 mL 三角瓶中，一组直接加入氯化铵为主要成分的培养液（氯化铵浓度为 50 mg/L），另一组放入高压灭菌锅中灭菌 0.5 h 后，再加入相同成分的培养液，然后将上述两组三角瓶放入恒温振荡器中，以 130 ~ 140 r/min 振荡，每隔一定时间取下一组三角瓶，将样品依次通过普通滤膜，再用 0.45 μm 滤膜过滤后，进行下一步测试。上述实验在相同条件下均做 3 个重复。

（四）基质坝截留能力

选择 3 条 20 m 排水沟渠，其中两条沟渠分别在沟渠内部 4 m、8 m、12 m、16 m 处布设由底泥和炉渣填充的基质坝，其中基质坝起到拦截过滤但不阻控沟渠排水，3 条排水沟渠分别为对照沟渠、底泥基质坝沟渠和炉渣基质坝沟渠，基质坝布设如图 5-2 所示。基质坝底部设置排水口，便于必要时排空沟渠内的渠水。其中，基质坝采用栅板组合而成，宽 20 cm，高 30 cm，底泥同上述实验所用相同；炉渣基质坝底部采用粒径 15 ~ 20 mm 填充，填充高度约为 10 cm，其余采用粒径 < 15 mm 的炉渣填充。在进水流量相同的条件下，以进水流速约为 0.5 m/s 的方式进水。

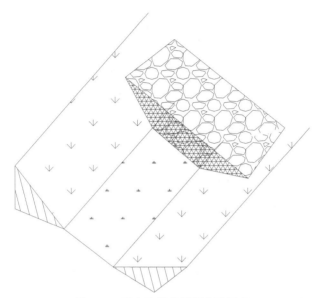

图 5-2　排水沟渠基质坝布设示意

二、基质对水中氮、磷的吸附能力

（一）预选基质截留氮效应

分别采用 Langmuir、Freundlich、Henry 3 种等温吸附方程对炉渣、改性赤泥和火山石吸附 NH_4^+-N 效果进行拟合，结果如图 5-3 所示。Langmuir、Freundlich 和 Henry 等温吸附方程对 3 种基质进行拟合的参数如表 5-1 所示。从图 5-3 及表 5-1 可以看出，炉渣、改性赤泥和火山石用 Langmuir 模型拟合效果最好，其相关系数 R^2 分别为 0.955、0.937 和 0.914；Freundlich 拟合效果次之，而 Henry 拟合效果最差。通过 Langmuir 模型得出炉渣、改性赤泥和火山石的饱和吸附量分别为 26 266.3 mg/kg、6146.2 mg/kg 和 978.4 mg/kg。

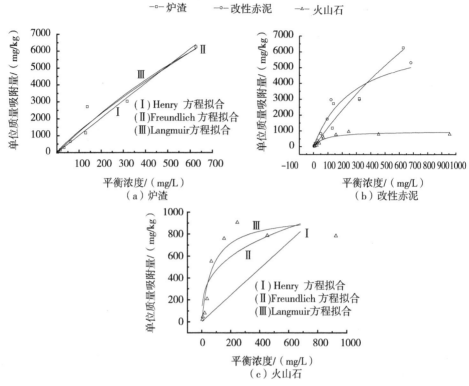

图 5-3　对炉渣、改性赤泥和火山石分别采用 Henry、Freundlich and Langmuir
方程拟合 NH$_4^+$-N 等温吸附曲线

表 5-1　不同基质等温吸附 NH$_4^+$-N 的拟合参数

基质	$W = \alpha_L \cdot W_S \cdot C / (1 + \alpha_L \cdot C)$			$W = K_F \cdot C^{1/n}$			$W = K_H \cdot C$	
	α_L	$W_S/$（mg/kg）	R^2	K_F	n	R^2	K_H	R^2
炉渣	0.000 490	26 266.300	0.955	24.045	0.862	0.956	10.254	0.947
改性赤泥	0.004 71	6146.240	0.937	120.850	0.579	0.937	7.775	0.798
火山石	0.0136	978.387	0.914	101.81	0.333	0.742	1.2463	-0.0323

从图 5-4 可以看出，在实验条件下，对于低浓度溶液，随着平衡液中 NH$_4^+$-N 浓度的增大，炉渣和改性赤泥对 NH$_4^+$-N 的单位质量吸附量随之增大，而对高浓度溶液来说，改性赤泥吸附作用有所减弱，而炉渣单位吸附量仍呈

现一定的上升趋势。当氯化铵原溶液低于 500 mg/L 浓度时，3 种基质脱氮效果是：改性赤泥效果最好，炉渣次之，火山石最差，而当高于 500 mg/L 时，炉渣优于改性赤泥，但就总体而言，火山石吸附 NH_4^+-N 的单位质量吸附量最低，吸附效果最差；炉渣和改性赤泥吸附效果较好。另外，在实验过程中发现，3 种基质出水炉渣最清澈，改性赤泥次之，火山石最差。

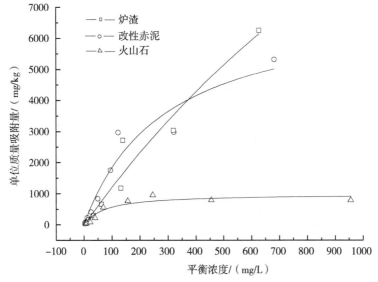

图 5-4　炉渣、改性赤泥和火山石的 Langmuir 等温吸附拟合曲线

Langmuir 方程是以单分子层吸附模型推导出来的吸附方程式；Freundlich 型吸附等温线是基于吸附剂在多相表面上的吸附建立的经验吸附平衡模式；Henry 则是稀溶液中的吸附或覆盖率低时的吸附模型，若溶质的吸附能力非常高时，则会偏离该公式（赵振国，2005）。通过对炉渣、改性赤泥和火山石分别用 Langmuir、Freundlich、Henry 进行拟合，得出 Langmuir 拟合效果最好，说明 3 种基质都是以单分子层形式吸附 NH_4^+-N 的。火山石吸附 NH_4^+-N 效果最差，这是由于火山石比炉渣和改性赤泥比表面积小，同时由于质地较松散，在水中浸泡一定时间后，水样变混浊。改性赤泥属碱性物质，所以实验测得水样的 pH 值为 11～12。在此条件下，改性赤泥中的 Fe、Ti 等金属离子会以

羟基负离子的形式存在，NH_4^+ 与 Fe、Ti 等的羟基负离子间产生静电吸附作用，并占主导地位，大大增加 NH_4^+-N 吸附率（姜浩 等，2007）。另外，改性赤泥中含有 Na^+，所以有一部分 NH_4^+ 通过与 Na^+ 进行离子交换而被改性赤泥所吸附；同时，水溶液中 pH 值为 11 ～ 12，可能有一部分 NH_4^+-N 会以气体的方式溢出，所以在原溶液 NH_4^+-N 浓度低于 500 mg/L 时，改性赤泥较炉渣效果好。但是因为改性赤泥源于有水泥化合物（景英仁 等，2001），炉渣和改性赤泥的主要成分很相似，都是主要由 CaO、SiO_2、Na_2O、MgO、Al_2O_3 和 Fe_2O_3 等组成。改性赤泥中赤泥的量是一定的，所提供的羟基负离子也有限，所以当原溶液 NH_4^+-N 浓度高于 500 mg/L 时，改性赤泥的吸附效果不及高钙废渣。由于赤泥、火山石均呈粉块状，长时间泡水，易使溶液变混浊，炉渣质地较硬，长时间浸泡基本不变形，因此，炉渣出水最清澈，改性赤泥次之，火山石最差，故选择炉渣作为基质坝填充基质之一。

（二）基质截留氮、磷效应

图 5-5 是炉渣、炉渣 +30% 底泥、底泥等基质等温吸附 NH_4^+-N 的变化曲线。从图 5-5 可以看出，NH_4^+-N 浓度低于 200 mg/L 时，随浓度增加，3 种基质吸附量上升趋势明显，但底泥吸附 NH_4^+-N 的曲线较陡，炉渣 +30% 底泥次之，炉渣较平缓。当浓度大于 200 mg/L 时，各基质对 NH_4^+-N 的吸附量随浓度的上升趋势变化不明显，这一现象与徐红灯等（2007）的研究结果相同。图 5-6 是 3 种基质等温吸附 PO_4^{3-}-P 的曲线，从图中可看出，PO_4^{3-}-P 浓度低于 100 mg/L 时，底泥、炉渣 +30% 底泥和炉渣 3 种基质吸附量快速积累；浓度在 100 ～ 200 mg/L 时，升高幅度略有降低；浓度大于 200 mg/L 时，除炉渣 +30% 底泥仍明显增加外，继续增加浓度后 PO_4^{3-}-P 吸附量增加幅度较缓慢。

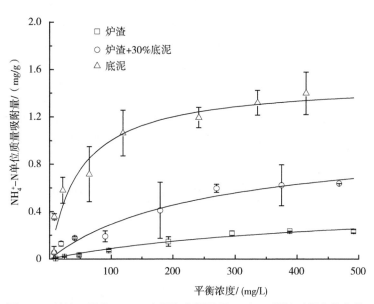

图 5-5　炉渣、炉渣 +30% 底泥和底泥吸附 NH$_4^+$-N 量随时间变化曲线

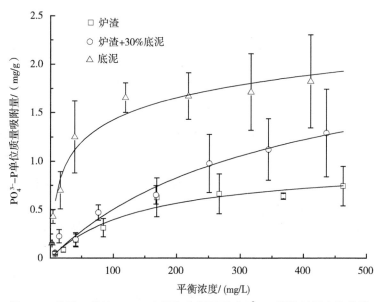

图 5-6　炉渣、炉渣 +30% 底泥和底泥吸附 PO$_4^{3-}$-P 量随时间变化曲线

根据已有研究结果及基质的吸附特性，采用 Langmuir 等温吸附方程对

不同基质吸附氮、磷特性进行拟合，其拟合方程结果如表 5-2 所示。由拟合结果看出，单位质量吸附量与平衡浓度之间有很好的拟合关系，相关系数较高，说明拟合方程可取。其中 Langmuir 等温吸附方程为：

$$W = \alpha_L \cdot W_S \cdot C / (1 + \alpha_L \cdot C), \tag{5-4}$$

式中：W（mg/g）为单位质量吸附量；α_L 为与单层吸附量和吸附能有关的常数；W_S（mg/g）为饱和吸附量；C（mg/L）为溶液吸附平衡浓度。

表 5-2　不同基质等温吸附氮、磷在 Langmuir 等温吸附方程中的拟合参数

基质	NH_4^+-N			PO_4^{3-}-P		
	Langmuir 等温吸附方程			Langmuir 等温吸附方程		
	α_L	W_S/（mg/g）	R^2	α_L	W_S/（mg/g）	R^2
炉渣	0.00221	0.487	0.977	0.00676	0.985	0.967
炉渣 +30% 底泥	0.00399	1.026	0.958	0.00277	2.326	0.977
底泥	0.0136	1.751	0.999	0.0474	1.878	0.986

图 5-7、图 5-8 分别是各基质对 NH_4^+-N 和 PO_4^{3-}-P 的吸附动力学曲线。从图 5-7 可知，在小于 5 h 时，各基质对 NH_4^+-N 有较大的吸附能力，吸附速率较快，其中 4 h 内炉渣、炉渣 +30% 底泥和底泥对 NH_4^+-N 的吸附速率分别为 0.10 mg/（g·h）、0.11 mg/（g·h）和 0.54 mg/（g·h）；4 ～ 12 h 炉渣 +30% 底泥和底泥对 NH_4^+-N 的单位吸附量增加幅度下降，吸附速率降低，之后这两种基质对 NH_4^+-N 的吸附量基本保持平衡，分别维持在 0.27 ～ 0.30 mg/g 和 0.21 ～ 0.23 mg/g，一直到 48 h 吸附量均变化不大；而炉渣对 NH_4^+-N 的吸附量在 4 h 后基本保持在 0.041 ～ 0.046 mg/g。因此，可以得出 3 种基质对 NH_4^+-N 的吸附特性存在"快速吸附，慢速平衡"的过程。3 种基质对 PO_4^{3-}-P 的吸附动力学过程与 NH_4^+-N 在各基质的吸附过程不尽相同（图 5-8）。3 种基质对 PO_4^{3-}-P 的吸附在开始阶段亦较快，其中炉渣、炉渣 +30% 底泥和底泥对 PO_4^{3-}-P 的吸附量在 0 ～ 8 h 即分别达到 0.12 mg/g、0.22 mg/g 和

0.32 mg/g，之后各基质吸附量缓慢增加，直到 48 h 3 种基质的吸附量分别为 0.30 mg/g、0.66 mg/g 和 0.45 mg/g。同时，在 2 h 内基质吸附 PO_4^{3-}-P 速率分别为：0.048 mg/（g·h）、0.051 mg/（g·h）、0.096 mg/（g·h）。总体而言，3 种基质对 PO_4^{3-}-P 的吸附性能呈现出"快速吸附，慢速吸附"两个较明显的阶段，这一现象与翟丽华等（2008）的研究结果相同。

图 5-9 是底泥吸附和微生物硝化作用的变化曲线。底泥对 NH_4^+-N 的吸附作用在 8 h 内随时间增加而增加，之后基本趋于平稳，微生物硝化与底泥吸附共同作用的结果是 8 h 内底泥截留 NH_4^+-N 量随时间增加而增加，8～12 h 截留量缓慢增加，至 24 h 截留量基本保持平稳。同时从图 5-9 可看出，吸附截留 NH_4^+-N 的量与时间轴包围的面积为吸附量，两条曲线包围的面积为底泥中微生物硝化作用截留 NH_4^+-N 的量，8 h 内硝化截留量在波动中变化，仅在 8～12 h 有较大的增加量，随后截留增加量略有减少。

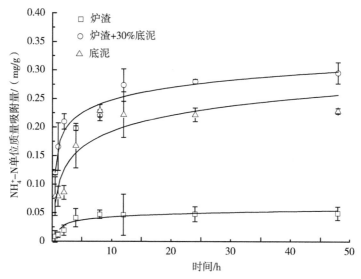

图 5-7　炉渣、炉渣 +30% 底泥和底泥对 NH_4^+-N 吸附动力学曲线

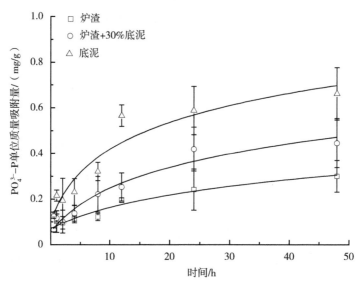

图 5-8　炉渣、炉渣 +30% 底泥和底泥对 $PO_4^{3-}-P$ 吸附动力学曲线

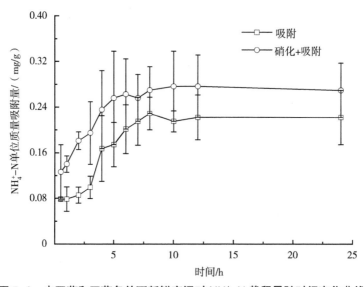

图 5-9　未灭菌和灭菌条件下新鲜底泥对 NH_4^+-N 截留量随时间变化曲线

（三）基质坝延时作用

对 3 条沟渠进行为期两周的户外实验，实验结果如表 5-3 所示。从表 5-3

可看出，布设基质坝的排水沟渠能有效延长水力停留时间，从各排水沟渠的水力停留时间对比发现：底泥基质坝沟渠＞炉渣基质坝沟渠＞对照沟渠。其中，布设底泥基质坝沟渠的水力停留时间为对照沟渠的 2.2 倍，为炉渣基质坝沟渠的 1.5 倍；炉渣基质坝沟渠的水力停留时间为对照沟渠的 1.5 倍。说明底泥紧实度阻挡了上游来水穿透，过水漫过底泥基质坝后才能流入下游，而由于炉渣颗粒较大，炉渣基质坝孔隙度较大，上游过水能顺利通过炉渣基质坝。另外，经由实验现场发现，布设底泥基质坝的排水沟渠沿水流方向有底泥流失，且距离入水口越近底泥流失越严重，而炉渣基质坝沟渠未发现这一现象，说明炉渣基质坝抗冲击能力优于底泥基质坝。

表 5-3　各个处理沟渠的水力停留时间和抗冲击能力对比

基质坝类型	水力停留时间 /min	基质坝有无流失现象
底泥	39.6	有
炉渣	26.3	无
对照（无基质坝）	18.0	—

Langmuir 等温吸附方程是以单分子层吸附模型推导出来的吸附方程式。采用 Langmuir 等温吸附线拟合效果都较好，说明 3 种基质均以单分子层形式吸附 NH_4^+-N 和 PO_4^{3-}-P。其中，拟合方程中的吸附常数 α_L 在一定程度上反映基质对氮、磷的吸附能级，α_L 为正值，说明吸附反应在常温下能自发进行（Zhang et al.，2007；Rat-Valdambrini et al.，2012）。最大吸附量 W_S 值的大小同样说明基质对氮、磷的吸附性能和吸附容量（Schick et al.，2012）。从表 5-2 可知，底泥对 NH_4^+-N 有较强的吸附性能和吸附性容量，而炉渣 +30% 底泥对 PO_4^{3-}-P 有较强的吸附性能和吸附容量。

当溶液中 NH_4^+-N 的平衡浓度 < 200 mg/L 时，由于各基质内可交换离子量相对较大，吸附位点较多，促进 NH_4^+-N 快速进入基质内部，而当 NH_4^+-N 的平衡浓度 > 200 mg/L 时，各基质所含可交换离子减少，吸附位点被之前进入的 NH_4^+-N 侵占而相对减少，导致各基质吸附量增加幅度降低。另外，一般认为炉渣和底泥吸附 NH_4^+-N 主要以化学吸附和离子交换为主，溶液中的 NH_4^+-N 浓度越大，可供交换的离子越多，水溶液与基质表面的浓度差越大，使得 NH_4^+-N 向基质内部迁移交换的动力越大，进而基质吸附量增加。底泥不仅松散度较大而且相对比表面积比炉渣大，增大对 NH_4^+-N 的吸附量；炉渣 +30% 底泥经溶液浸泡和振荡后也松散开来，致使相对比表面积增大，吸附面增加，吸附位点增多，促进其吸附量，因此，底泥吸附 NH_4^+-N 效果最好，炉渣 +30% 底泥次之，炉渣吸附效果最差。实验过程中炉渣、底泥和炉渣 +30% 底泥处理的水样 pH 值分别为 7.17 ～ 7.63、5.77 ～ 6.61 和 4.99 ～ 6.72，可以看出仅炉渣处理的水样略显碱性，致使炉渣中的铁和钛等金属离子以羟基形式存在，负离子量减少，降低炉渣对 NH_4^+-N 的吸附率（姜浩 等，2007）。由于上述原因，导致炉渣单位质量吸附 NH_4^+-N 的量最少，炉渣 +30% 底泥次之，底泥吸附量最多。但是底泥和炉渣 +30% 底泥由于有底泥的存在，振荡后水样较混浊，不及炉渣水样澄清，这是由于炉渣质地较硬，长时间浸泡基本不变形，不易在水中分散。

大量研究表明，基质吸附主要以化学吸附方式吸附溶液中的磷，同样也存在离子交换作用。当溶液中 PO_4^{3-}-P 平衡浓度 < 100 mg/L 时，由于各基质对 PO_4^{3-}-P 吸附位点与离子交换量之和较 NH_4^+-N 高，使得其浓度在 0 ～ 100 mg/L，吸附量增加幅度较 NH_4^+-N 大。在 100 ～ 200 mg/L 浓度范围内，由于吸附位点和可交换离子相对减少，使吸附量增加幅度略有下降，进而导致在高浓度条件下基质对 PO_4^{3-}-P 的吸附量缓慢增加，这一现象在底泥和炉渣处理中较明显，而在炉渣 +30% 底泥处理中发现，在高浓度条件下由于底泥和炉渣经振荡而分离，加大了吸附位点的量，使其吸附量增加的幅度大于前两者。另外，pH 值同样也影响基质对磷的吸附。有研究表明，当 pH 值 < 6 时，有利于炉渣等基质对磷的吸附，而碱性条件会抑制磷的吸附作用（刘鸣达 等，2008）。实验过程中经炉渣处理的含磷水样 pH 值为 5.03 ～ 6.16，炉渣 +30% 底泥处理的水样 pH 值为 4.82 ～ 5.82，底泥处理的水样 pH 值为 4.86 ～ 5.48。因此，这一水环境促进了磷的吸附。炉渣和底泥均含有铁、铝等氧化物，这些物质易与基质吸附的磷形成不容的络合物进而发生沉淀（Sakadevan et al.，1998），提高了磷的吸附能力。

底泥硝化作用实验主要研究沟渠底泥吸附和硝化作用的变化情况，这是因为底泥上附着大量好氧、厌氧和兼性微生物，这类微生物对氮素的分解和转化过程起到重要作用，其中好氧微生物可将底泥中的有机氮氧化分解为植物易吸收的无机氮，厌氧微生物亦将其分解为 NH_3、N_2 等气体进入大气中（Cooper et al., 1990）。因此，沟渠底泥微生物对氮的硝化作用不容忽视。通过对比底泥对 NH_4^+-N 的硝化作用和吸附能力可知，底泥对 NH_4^+-N 的截留作用主要是由底泥本身吸附作用和底泥上附着微生物的硝化作用共同完成的，但以吸附作用为主，吸附量约为70%。另外，8 h 内是微生物适应新环境阶段，致使硝化作用截留量出现波动现象；8～12 h 微生物基本适应这一环境，硝化截留量增加，之后由于溶液中营养物质的消耗，微生物的硝化作用受到限制，致使硝化作用减弱。另外，底泥质量有限（相当于干重 10 g），使得微生物的硝化作用远不及底泥本身的吸附作用。

根据上述结果可知，底泥截留 NH_4^+-N 和 PO_4^{3-}-P 效果最好，炉渣 +30% 底泥截留效果次之，炉渣最差，然而实验过程中发现底泥处理的水样浊度较高，加上底泥质地松散，遇水易被冲刷而流失，如果将底泥投入实践中，在水体流动条件下不仅导致水体浊度升高，亦由于底泥不易固定而增加土体的流失量，易造成下游排水沟渠排水不畅；而炉渣质地较硬，颗粒较大，易于固定，不易被水流冲刷而流失，亦方便从沟渠中取出，脱离排水沟渠系统，永久去除营养物质氮、磷，而且水流也可穿过基质内增加两者的接触面积，加大去除率。此外，延长沟渠内渠水在排水沟渠的水力停留时间，不仅可减缓水体流速，减少水体对沟壁等的冲刷，亦有效促进颗粒物的沉降和水中氮、磷的去除，增加水中物质与沟渠内部各组分之间进行物理化学生物接触时间（王岩 等，2010）。这也是本研究在沟渠内布设基质坝的最终目的。由于底泥较紧实，易于拦截过往的水流，而炉渣由于颗粒较大，颗粒之间的空隙较大，可使一部分沟渠水穿过基质坝，使得以底泥为基质的基质坝沟渠水力停留时间大于以炉渣为基质的基质坝沟渠。然而由于底泥基质坝抗冲击能力较差，作为基质坝填充物的底泥流失严重，因此，选择炉渣作为排水沟渠基质坝填充物。白浆土是三江平原主要土壤之一，面积为 14.9 万 hm^2，占三江平原总面积的 23.67%（刘双全，2008），由于白浆土土质黏重，当地农民采用小颗粒的炉渣改善土壤的松散度，因此，即使部分小颗粒的炉渣流失并停留在沟渠底泥中，炉渣也有用武之地，它不仅可吸附水中的氮、磷，亦可改善底泥紧实的结构，便于排水沟渠底泥清淤后还田再利用。

本章小结

本章主要通过对野外不同植物配置的排水沟渠中氮、磷变化特征研究，评价不同植物配置沟渠截留净化氮、磷能力，进而筛选沟渠补种植物；通过研究不同基质吸附氮、磷能力及基质坝作用，筛选出基质坝填充基质，为后文构造植草生态沟渠提供理论。结果表明：

（1）沟渠内部植物不仅自身吸收水中氮、磷元素，亦可稳坡固土，基于芦苇单株生物量较大，且生长周期较长，根系发达，选择芦苇作为改造沟渠的补种植物。

（2）基质筛选预实验证明，炉渣基质具有较好的吸附性能及滤水能力。深度基质筛选实验结果表明，炉渣、炉渣 +30% 底泥和底泥对 NH_4^+-N 的饱和吸附量分别为 0.49 mg/g、1.03 mg/g 和 1.75 mg/g；其对 PO_4^{3-}-P 的饱和吸附量分别为 0.99 mg/g、2.33 mg/g 和 1.88 mg/g。浓度在 0 ～ 500 mg/L，3 种基质对 NH_4^+-N 的吸附效果表现为"快速吸附，慢速平衡"的现象，而对 PO_4^{3-}-P 的吸附效果呈现"快速吸附，慢速吸附"的现象；底泥鲜样对 NH_4^+-N 的截留净化方式主要是底泥自身的吸附作用和微生物硝化作用的共同结果。布设基质坝不仅能截留污染物，还能有效延长水力停留时间，研究结果显示炉渣填充的基质坝是排水沟渠布设基质坝的较优选择。

第六章

生态沟渠截留净化氮、磷能力

　　农田排水沟渠一般针对一些排水动力较弱的区域而设计，是农业生产重要的水利设施和重要的景观类型之一，具有统筹农田排水的水利功能和生态功能，不仅起到排洪泄涝作用，同时起到截留净化排水中氮、磷的作用。但自然沟渠截留净化排水中氮、磷的量有限，尤其在流速较大条件下农田排水沟渠截留净化的效果就更低。在众多治理农业面源污染方法中，生态沟渠具有较高的氮、磷去除能力和较高的景观效应（王岩 等，2010）。生态沟渠对传统农田排水沟渠系统进行升级与改造，通过土壤－微生物－植物形成生态链平衡系统，利用其新陈代谢协同降解农田排水中的有机物、氮、磷等污染物，同时辅助脱氮除磷拦截基质坝和补种生物量大的植物等，进一步提高农田排水中污染物的拦截效果。

　　本章尝试通过改造现状排水沟渠内部结构分别研究在动态条件和静态条件（蓄水）下农田生态沟渠中农业面源污染物氮、磷的迁移转化规律；研究不同水深条件下沟渠底泥中氮、磷含量变化规律，以及植物不同组织中氮、磷迁移情况，揭示底泥、植物对农田排水沟渠中氮、磷截留能力的贡献率。同时，研究在静态条件下生态沟渠底泥孔隙水中营养物质的迁移转化规律，优化农田生态排水沟渠截留净化氮、磷机制。

第一节 动态条件下生态沟渠中氮、磷变化特征

一、材料与方法

于当年 5 月开始布设已选定的两条排水沟渠，具有相同自然条件和水文特征，沟渠上口宽 2.0 m，沟底宽 0.8 m，深度 0.8 m，分别记为生态沟渠（DW2）和对照沟渠（DW1），在生态沟渠沟底和沟壁分别补种芦苇 40 棵 /m²、50 棵 /m²，每条沟渠每 4 m 设置由炉渣填充的基质坝（长 0.9 m，宽 0.3 m，高 0.2 m），而对照沟渠保持原状，在两条沟渠两端分别设置闸阀，调控进出水流速。为确保沟渠植物较高的成活率，先进行为期一个月的预实验。6 月中下旬开始正式实验，并分别在植物生长初期、中期和后期，进行动态实验和静态实验，其中动态实验采用进水流速为 0.55 m/s，研究不同沟渠断面氮、磷变化特征及其效应；静态实验（见本章第二节、第三节）主要根据前文研究，将进水蓄积在选定排水沟渠中，沟渠水位为 35 cm，截留时间为 120 h，每次进水前均排空沟渠，而沟渠低浓度进水排空后，落干 1 ～ 2 天，再注入高浓度水体，并在沟渠前中后分别采集上覆水水样，同时在这些采样点处原位打入底端封口内径为 25 cm 的 PVC 管，采用虹吸法收集孔隙水。

二、动态条件下生态沟渠水中氮、磷变化

由于低进水浓度同高进水浓度具有类似的变化规律，在此仅讨论低进水浓度条件下水中氮、磷变化情况。从图 6-1 可以看出，在植物生长中期和后期，同一植物生长时期生态沟渠，中沿沟渠延伸方向 NH_4^+-N 浓度下降幅度略高于对照沟渠，而植物生长初期生态沟渠中 NH_4^+-N 浓度下降幅度略低于对照沟渠，这主要是由于植物生长初期，植物植株相对较小，以及基质坝中的基质吸附 NH_4^+-N 相对较缓慢，而植物生长中后期由于多次过水，基质坝上附着大量微生物膜，在一定程度上拦截上游来水，再加上植物植株较粗壮亦起到一定的拦截作用，使得流水在沟渠内水力停留时间较长，为底泥、土壤吸附水中 NH_4^+-N 提供时间，同时为植物吸收提供时间。经过现场监测发现，

生态沟渠明显可以提高流水在沟渠中的水力停留时间，较对照沟渠提高了 45.5% ~ 55.5% 的水力停留时间，因此，布设基质坝和补种沟渠植物有利于生态沟渠中 NH_4^+-N 的截留净化。

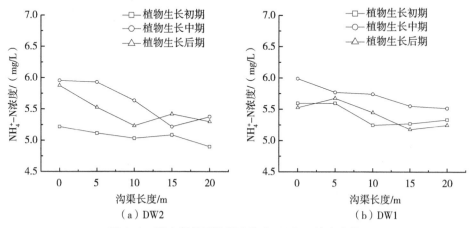

图 6-1　进水条件下沟渠水体中 NH_4^+-N 浓度变化

从图 6-2 可知，生态沟渠和对照沟渠中 NO_3^--N 无明显差别，均呈现一定的波动，这主要是由于 NO_3^--N 本身带负电，而底泥、土壤、炉渣等亦显负电，因此，这 3 种基质几乎不吸附水中 NO_3^--N，另外停留时间短暂植物吸收的 NO_3^--N 量亦较少，致使 NO_3^--N 浓度沿沟渠方向没有明显的变化（$P > 0.05$），但是对比生态沟渠和对照沟渠，植物生长初期和中期变化趋势一致，而后期因尿素等分解速率不同及由于植物生长后期植物生长成熟且植株粗壮，以及基质坝等生物膜的形成，有效影响了 NO_3^--N 浓度变化，导致这一时期 NO_3^--N 浓度呈现较大波动。另外，在植物初期和中期植物生长时期，NO_3^--N 浓度变化亦无明显差异（$P > 0.05$），这说明了这两个时期植物对沟渠截留净化 NO_3^--N 的能力影响不大。

水中 PO_4^{3-}-P 浓度在植物不同生长阶段均表现出相似的变化趋势，且同一时期生态沟渠中 PO_4^{3-}-P 浓度下降幅度明显高于对照沟渠（图 6-3），这是由于水流在生态沟渠中因植物密度相对较高、基质坝拦截，使得水体在沟壁中的停留时间相对较长，增加了过水与生态沟渠植物、土壤、基质等的接触时间，促进了植物吸收利用 PO_4^{3-}-P，以及土壤和基质吸附 PO_4^{3-}-P，为底泥、土壤中氧化态的铁、铝与水中 PO_4^{3-}-P 发生沉淀反应提供时间，同时亦为生态沟渠基质炉渣中氧化态的铁、铝与水中 PO_4^{3-}-P 提供了反应时间，进一步促进生态沟渠水中 PO_4^{3-}-P 的去除。同时从图 6-3 可以看出，随着沟渠长度的延长，PO_4^{3-}-P 的去除效果相对较好，这说明流动的水体中沟渠长度影响 PO_4^{3-}-P 的截留净化能力。

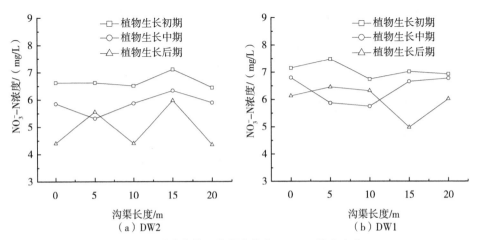

图 6-2　进水条件下沟渠水体中 NO_3^--N 浓度变化

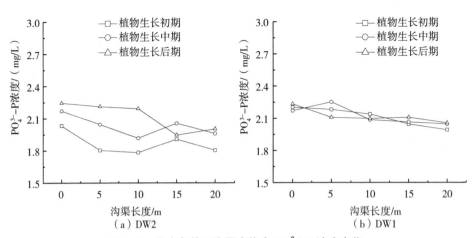

图 6-3　进水条件下沟渠水体中 PO_4^{3-}-P 浓度变化

第二节　静态条件下生态沟渠中氮迁移转化特征

已有大量研究采用生态沟渠控制农业面源污染中的氮、磷，大多采用沟渠内种植植物、沟壁铺设生态砖、混凝土板材或水泥板等措施，防止水土流失，并设置闸或坝调节水位或蓄积排水，增加氮、磷的去除效果，或外面投加生态拦截器，但是这些改造一般造价相对较高，同时大部分研究忽视了沟壁土壤截留净化氮、磷的能力，而在中重污染强排水地段，这些措施截留净化氮、磷的效果显得较弱。另外，沟渠固化易改变沟渠水体与沟壁及沟底之间自然的物质和水分交换，不利于沟壁水分交换及沟渠水体补给地下水，尤其是在地下水严重不足的地区。本节及本章第三节主要研究蓄水条件下改造后的生态沟渠截留净化氮、磷能力，其中生态沟渠内部布设同本章第一节沟渠布设情况。

一、生态沟渠中氮素变化规律

（一）水中铵态氮的变化规律

在水环境中，水中氮素变化主要由沟渠植物吸收、沟渠底泥、土壤吸附及微生物活动等作用引起。在低初始进水浓度条件下，对照沟渠与生态沟渠中 NH_4^+-N 在植物生长早期、中期和后期均呈现减小趋势，而减小幅度却不同。对比植物生长前期与后期，水中 NH_4^+-N 浓度下降幅度没有明显差别（ $P > 0.05$ ），而在植物生长前期和中期，水中 NH_4^+-N 下降幅度大于植物生长后期水中 NH_4^+-N 下降幅度（ $P < 0.05$ ），这主要是因为植物生长前期和中期沟渠土壤和底泥起到关键作用，而植物生长后期沟渠土壤和底泥积累了 NH_4^+-N，影响了后期土壤和底泥对 NH_4^+-N 的吸附利用。另外，后期由于气温较低影响基质坝基质、沟渠底泥和土壤吸附，以及植物吸附能力亦减弱，导致植物生长后期生态沟渠与对照沟渠中 NH_4^+-N 下降幅度相当。同时从图 6-4 亦得出，随截留时间增加，生态沟渠和对照沟渠中 NH_4^+-N 均减少，这说明延长沟渠蓄存农田排水的时间可有效截留净化水中 NH_4^+-N。在高初始进水浓度

条件下，在植物生长 3 个时期内，随着截留时间的增加，生态沟渠和对照沟渠中 NH_4^+-N 亦呈现减少趋势，其浓度下降幅度相当（图 6-5）。对比生态沟渠与对照沟渠，由于截留时间较短（仅 120 h），植物吸收 NH_4^+-N 的量有限，而且高初始进水浓度条件下增加底泥和土壤对 NH_4^+-N 的吸附动力，随着截留时间的变化，使得生态沟渠对 NH_4^+-N 的去除能力高于对照沟渠。对比高初始进水浓度和低初始进水浓度条件下 NH_4^+-N 浓度的变化，可得出在相同截留时间条件下，高初始进水浓度促进 NH_4^+-N 的去除，说明高进水负荷有利于沟渠底泥、土壤的吸附，同时增加上覆水中 NH_4^+-N 向沟渠底泥、土壤深层扩散的动力，提升沟渠各组分对 NH_4^+-N 的截留净化能力。

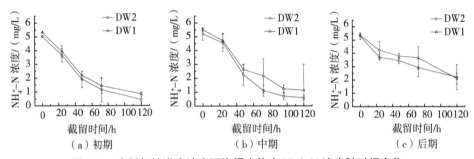

图 6-4　在低初始进水浓度下沟渠水体中 NH_4^+-N 浓度随时间变化

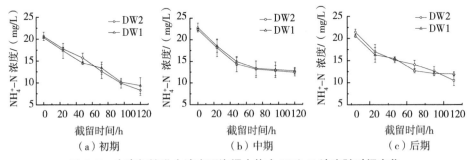

图 6-5　在高初始进水浓度下沟渠水体中 NH_4^+-N 浓度随时间变化

（二）水中硝态氮变化趋势

从图 6-6 可看出，低初始进水浓度条件下，在植物生长初期，截留时间为 48 h，NO_3^--N 浓度随截留时间的增加而减少，而 48 h 之后 NO_3^--N 的浓度基本保持平稳，同时由于 NH_4^+-N 的快速转化致使生态沟渠 NO_3^--N 浓度下降幅度明显低于对照沟渠浓度下降幅度（$P < 0.05$）。而植物生长中期，由于植物生长状况与生长初期相近，变化趋势与植物生长初期相似，亦在实验开始阶段快速减少而后期趋于平稳。由于生长后期植物地上部分停止生长，导致植物吸收氮素能力减弱，再加上沟渠底泥和土壤带负电，不易吸附带负电的 NO_3^--N，另外，NH_4^+-N 转化的量较植物吸收及向底泥和土壤中扩散的量要多，致使这个时期的沟渠内 NO_3^--N 的浓度下降幅度较低；由于气温、植物和微生物影响，导致这个时期生态沟渠与对照沟渠中 NO_3^--N 随时间变化无明显差别。在高初始进水浓度条件下，在 3 个实验时期中，生态沟渠与对照沟渠中水中硝态氮随截留时间变化趋势没有明显的差别（图 6-7）。在植物生长初期，生态沟渠和对照沟渠中 NO_3^--N 浓度随截留时间平滑减少，却不及 NH_4^+-N 减小幅度大；在植物生长中期，由于硝化细菌将 NH_4^+-N 氧化成 NO_3^--N 的量明显高于植物吸收和土壤吸附的量，引起这一时期开始阶段 NO_3^--N 的积累，因此，在实验 24 h 处 NO_3^--N 出现一个峰值；在植物生长后期，由于植物吸收量较少而 NH_4^+-N 转化量也减少，致使这一时期 NO_3^--N 浓度变化不大。对比高低初始进水浓度（图 6-6、图 6-7），在植物生长初期和中期，高浓度促进排水沟渠对 NO_3^--N 总量的去除，而植物生长后期，由于低初始进水浓度条件下 NH_4^+-N 转化 NO_3^--N 的量相对较少，使得 NO_3^--N 的去除量较大，这也间接说明了农田排水沟渠水体中 NO_3^--N 浓度明显高于 NH_4^+-N 的原因，尤其在 8 月末晒田排水时排水沟渠水中 NO_3^--N 浓度相对较高（Guo et al., 2011）。

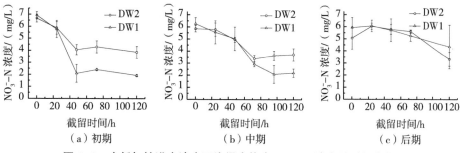

图 6-6　在低初始进水浓度下沟渠水体中 NO_3^--N 浓度随时间变化

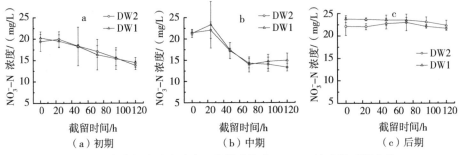

图6-7　在高初始进水浓度下沟渠水体中 NO_3^--N 浓度随时间变化

（三）植物地上部分氮含量

Tyler 等在模拟沟渠系统中研究了蓉草（*Leersia oryzoides*）、香蒲（*Typha latifolia*）和黑三棱（*Sparganium americanum*）对氮素截留能力的影响，结果表明植物明显提高了径流中氮素的截留能力，其中蓉草沟渠系统和香蒲沟渠系统截留 NH_4^+-N 能力分别为 42%±9% 和 59%±4%，对 NO_3^--N 的截留能力为 67%±6% 和 64%±7%。冯大兰等研究表明，在三峡库区消落带的芦苇具有很强的氮积累能力，而且土壤不同含水量条件下芦苇对氮均呈现较好的吸收和积累效果。而植物的生长情况直接影响沟渠中氮的吸收和积累。植物生长初期和中期，植物快速生长，生物量随之增加，从而加快植物对氮的吸收；而植物生长后期，植物以碳代谢为主，地上部分植株停止生长，养分主要供应地下器官（张友民 等，2005）。如表6-1所示，在沟渠植物不同生长时期测得的地上部分组织中氮的含量。总体而言，随着植物日渐生长成熟，芦苇茎和叶总营养元素氮含量均减少，这说明在芦苇生长后期，植物体内的氮素逐渐由芦苇茎叶向根部转移，将营养物质氮积累在其根部，待次年植株萌发时利用。沟渠中与芦苇共同生长的稗草体内氮素变化存在一定的波动，主要是因为稗草体内含水量较大（80%以上），便于营养元素在稗草体内迁移。从表6-1还可以得出，随着稗草生长，植株体内部分营养元素逐渐向稗草的穗迁移。

截至当年9月22日，生态沟渠沟壁植物生物量为 1607.8 kg/hm²，累积氮量为 139.3 kg/hm²，植物吸收氮量为 557.3 g，沟底植物生物量为 981.9 kg/hm²，累积氮量为 123.3 kg/hm²，整个沟渠底植物含总氮量为 123.3 g；而对照沟渠沟壁植物生物量为 714.0 kg/hm²，累积氮量为 94.0 kg/hm²，植物吸收氮量为 188.1 g，沟底植物生物量为 12.4 kg/hm²，累积氮量仅为 1.5 kg/hm²，整个沟渠底植物总氮量仅为 1.5 g。在对照沟渠中，沟底植物生物量仅占沟壁植物生物量的 1.7%，因此，对照沟渠沟底植物对沟渠截留净化营养物质的效应可忽略不计。

表 6-1 在不同时期排水沟渠中植物茎、叶氮含量

取样时间	处理方式		芦苇		稗草		
			茎	叶	茎	叶	穗
7 月 20 日	DW2	DS	10.02	20.23	5.96	17.80	—
		DB	6.30	18.44	10.31	20.77	—
	DW1	DS	7.67	24.76	8.06	15.62	—
		DB	—	—	—	—	—
8 月 11 日	DW2	DS	6.89	19.40	8.20	19.08	11.45
		DB	7.36	21.04	9.06	22.85	14.47
	DW1	DS	7.34	23.48	12.36	22.57	—
		DB	—	—	—	—	—
8 月 25 日	DW2	DS	4.83	17.72	5.13	14.13	10.94
		DB	4.56	18.03	6.52	16.46	12.51
	DW1	DS	4.62	20.06	4.35	12.23	11.25
		DB	—	—	—	—	—
9 月 10 日	DW2	DS	4.06	17.25	2.07	7.37	9.66
		DB	4.69	17.00	4.60	13.24	13.34
	DW1	DS	2.79	19.49	4.99	16.08	15.25
		DB	—	—	—	—	—
9 月 22 日	DW2	DS	3.24	16.32	3.54	9.76	13.60
		DB	3.23	15.37	7.65	17.19	16.26
	DW1	DS	3.65	14.99	4.47	18.07	12.88
		DB	—	—	—	—	—

注：DS、DB 分别表示沟壁和沟底。

（四）底泥不同土层中氮变化规律

从图 6-8 可知，对比生态沟渠与对照沟渠发现，两条沟渠中相同土层之间没有明显的差异（$P > 0.05$）。生态沟渠由于沟底植物根系的贯穿作用，致使在 0～5 cm 土层的全氮（TN）含量明显高于 10～15 cm 和 15～20 cm 土层的 TN 含量（$P < 0.05$，$P < 0.001$），其他土层之间没有明显的差别（P 均 > 0.05）。对照沟渠中由于沟底几乎无植物生长，缺少沟底植物根系的贯穿作用，导致不仅在 0～5 cm 土层的 TN 含量明显高于 10～15 cm 和 15～20 cm 土层的 TN 含量（$P < 0.001$，$P < 0.001$），5～10 cm 土层 TN 含量亦明显高于 10～15 cm 和 15～20 cm 土层的 TN 含量（P 均 < 0.05）。对比生态沟渠与对照沟渠可知，沟渠底部植物的贯穿作用打破了沟渠底泥营养元素的分层。同时研究发现，沟渠底泥中 TN 有明显的分层现象。另外，对照沟渠在 0～10 cm 土层 TN 累积含量是生态沟渠对应土层 TN 累积含量的 1.11～1.38 倍。就整个 0～20 cm 层来说，对照沟渠 TN 累积含量高于生态沟渠 0.88～1.31 倍。这说明生态沟渠沟底植物加速底泥中含氮化合物的矿化，促进底泥中氮素的减少。

从图 6-9 可知，生态沟渠 0～5 cm 土层土壤有机碳（Corg）含量明显高于 10～15 cm 和 15～20 cm 土层 Corg 含量，其他土层之间无明显差别；对照沟渠 0～5 cm 土层 Corg 含量明显高于 10～15 cm 和 15～20 cm 土层 Corg 含量，同时 5～10 cm 土层 Corg 含量高于 15～20 cm 土层 Corg 含量。整体而言，沟渠底泥中每层 Corg 含量随时间均有一定的波动性，但生态沟渠底泥中出现分时段分层现象，即 8 月 25 日前生态沟渠分层明显，8 月 25 日至 9 月 16 日期间由于降水扰动、植物吸收利用等，使得 Corg 含量变化较大，随后生态沟渠中 Corg 又出现分层，而对照沟渠除 0～5 cm 土层外，其余土层 Corg 含量波动较大。同时从图 6-9 还可看出，在生态沟渠中，除了 8 月 25 日土层 Corg 含量最低和 9 月 11 日土层 Corg 含量最高之外，底泥 0～5 cm Corg 含量在各土层中最高；对照沟渠除开始阶段外，底泥 0～5 cm Corg 含量在各土层中亦最高。针对 0～5 cm 土层研究发现，对照沟渠 Corg 含量是生态沟渠 Corg 含量的 1.11～3.30 倍。在 0～10 cm 土层，对照沟渠累积

Corg 含量是生态沟渠累积 Corg 含量的 1.00 ～ 2.05 倍，这也说明生态沟渠沟底种植植物，虽然植物根系也分泌小分子有机物，但是其促进底泥土壤中有机碳的矿化速率高于生成速率，加速了底泥中有机碳含量的减少。

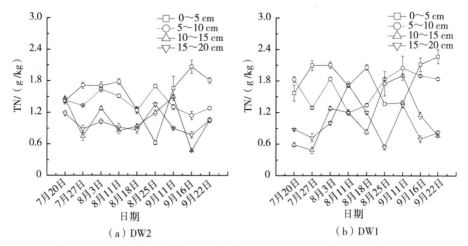

图 6-8　不同时期生态沟渠和对照沟渠不同底泥土层中 TN 含量变化

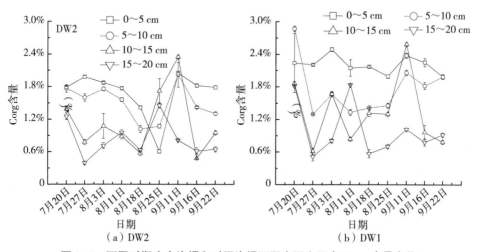

图 6-9　不同时期生态沟渠和对照沟渠不同底泥土层中 Corg 含量变化

从图 6-10 可知，生态沟渠与对照沟渠各土层中 C/N 的比值没有明显差异。在生态沟渠中，C/N 的比值均小于 15.7，而对照沟渠中 C/N 的比值开始阶段高达 20.7，其余阶段均小于 16。低 Corg 含量与较高的 TN 含量进行比较，得出较低的 C/N 比值，而较高的 Corg 含量与 TN 含量比较，易得出较高的 C/N 比值。Berg 和 McClaugherty（2003）研究发现，低的 C/N 比值说明往年枯落物分解速率较快。相反，高的 C/N 比值表明枯落物分解速率较慢，因此，对照沟渠开始阶段高的 C/N 比值表明沟渠底泥开始阶段，因紧实的沟渠底泥导致往年的沟底枯落物分解速率较慢；而后期 C/N 的比值较低且基本保持一致，这是由于干湿交替等现象加速枯落物分解与积累有机碳基本相当所致。生态沟渠由于沟底补种植物，降低了沟渠底泥的紧实度，使得生态沟渠运行开始阶段底泥中 C/N 比值较低。

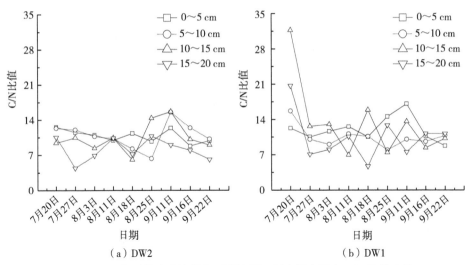

图 6-10　不同时期生态沟渠和对照沟渠不同底泥土层中 C/N 比值变化

（五）基质坝基质氮含量变化规律

基质坝基质中的氮随时间变化呈现一定波动，但总体而言，生态沟渠基质中氮含量均呈现增加趋势（图 6-11）。距离沟渠进水口位置 4 m、8 m、12 m、16 m 的基质坝积累的氮素没有明显的差异（$P > 0.05$），氮积累量却不同，4 m 处基质积累量为 0.54 g/kg，8 m 处基质积累量为 0.55 g/kg，12 m 处基质积累量为 0.30 g/kg，16 m 处基质积累量为 0.20 g/kg。由于排水沟渠排水模拟水田排水，沟渠长期处于干湿交替的状态，这有利于基质上附着的微生物利用基质吸附的氮素,因此,由于基质的吸附作用及基质附着的微生物分解利用引起基质中氮素随时间变化而呈现一定的波动。实验结束时整个生态沟渠基质累积氮素量为30.26 g,这说明基质坝基质对水中氮素具有一定的截留净化能力。

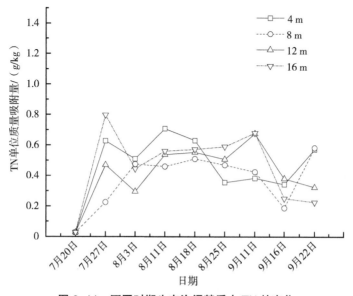

图6-11 不同时期生态沟渠基质中 TN 的变化

二、生态沟渠截留氮的能力

图 6-12 所示为低浓度条件下生态沟渠与对照沟渠中 NH_4^+-N 的去除速率和去除率变化情况。随着植物的生长,生态沟渠和对照沟渠对 NH_4^+-N 的去除速率均呈现减小趋势,同时 NH_4^+-N 的去除率亦呈现相同的趋势。相同植物生长阶段,生态沟渠 NH_4^+-N 的去除速率和去除率均略高于对照沟渠。在植物生长初期,生态沟渠对 NH_4^+-N 的去除速率的平均值为 0.46 g/($m^2 \cdot$ d),对应的去除率为 94.2%;对照沟渠对 NH_4^+-N 的去除速率的平均值为 0.44 g/($m^2 \cdot$ d),对应的去除率为 90.9%。而植物生长后期,生态沟渠对 NH_4^+-N 的去除速率的平均值为 0.27 g/($m^2 \cdot$ d),去除率为 70.0%,对照沟渠对 NH_4^+-N 的去除速

率的平均值为 0.24 g/（m² · d），去除率为 62.6%。由此可见，生态沟渠去除 NH_4^+-N 的能力高于对照沟渠。

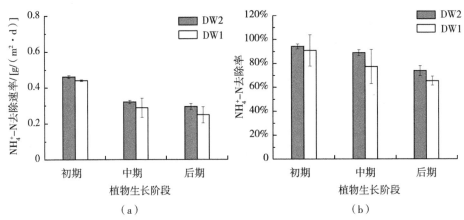

图 6-12　低初始进水浓度条件下植物不同生长阶段沟渠中 NH_4^+-N 的去除速率和去除率

图 6-13 所示为高初始进水浓度条件下生态沟渠与对照沟渠中 NH_4^+-N 的去除速率和去除率变化情况。高初始进水浓度条件下，沟渠对 NH_4^+-N 的去除速率明显高于低初始进水浓度条件下的去除速率，这说明高初始进水浓度条件下沟渠水体与沟渠底泥和沟壁土壤孔隙水之间形成的浓度差较大，提升 NH_4^+-N 向底泥和土壤扩散的动力，加速 NH_4^+-N 由沟渠水体向土壤孔隙水迁移的速率，进而增加底泥和土壤对 NH_4^+-N 的吸附，同时为沟渠植物提供较多的 NH_4^+-N，便于植物的吸收利用。由于低初始进水浓度条件下，沟渠水体中含有的 NH_4^+-N 总量较低，而高初始进水浓度条件下沟渠水含体 NH_4^+-N 总量相对较高，在相同条件截留时间下，低初始进水浓度条件沟渠中 NH_4^+-N 去除率高于同一时期高初始进水浓度条件下沟渠中 NH_4^+-N 去除率。从图 6-13 亦可看出，高初始进水浓度条件下，生态沟渠对 NH_4^+-N 去除速率对应较高的去除率，这与 Zhang 等（2012）研究人工湿地中 NH_4^+-N 的去除速率与去除率关系相同。生态沟渠对 NH_4^+-N 的去除速率和去除率高于对照沟渠，植物不同生长阶段 NH_4^+-N 的去除速率有不同，但差异不明显（$P > 0.05$）。在植物生长初期 NH_4^+-N 的去除率明显高于其他两个时期的去除率（$P < 0.05$）。

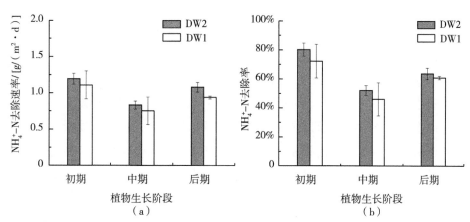

图 6-13　高初始进水浓度条件下植物不同生长阶段沟渠中 NH_4^+-N 的去除速率和去除率

图 6-14 所示为低初始进水浓度条件下植物不同生长阶段沟渠中 NO_3^--N 的去除速率和去除率变化情况。植物生长初期和中期，生态沟渠中 NO_3^--N 的去除速率和去除率明显低于对照沟渠，而植物生长后期，生态沟渠中 NO_3^--N 的去除速率和去除率明显高于对照沟渠。这主要是因为生态沟渠中植物生长初期和中期，植物根系为沟渠底泥和土壤输送较多的氧有利于好氧微生物的生长，尤其是硝化细菌的硝化作用得以提升，将沟渠中 NH_4^+-N 最终氧化成 NO_3^--N，致使生态沟渠中 NO_3^--N 浓度较对照沟渠 NO_3^--N 浓度高，导致植物生长初期和中期 NO_3^--N 的去除速率和去除率明显低于对照沟渠；而植物生长后期，由于植物输氧能力减弱，NH_4^+-N 氧化量减小，生态沟渠中 NO_3^--N 浓度与对照沟渠中 NO_3^--N 浓度相对较低，植物吸收及扩散作用在这一时期起到主要作用。

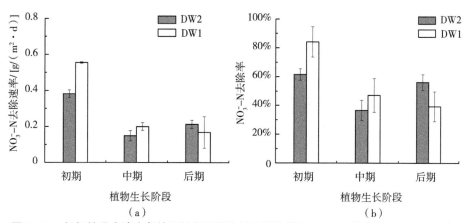

图 6-14　低初始进水浓度条件下植物不同生长阶段沟渠中 NO_3^--N 的去除速率和去除率

图 6-15 所示为高初始进水浓度条件下植物不同生长阶段沟渠中 NO_3^--N 的去除速率和去除率变化情况。高初始进水浓度条件下，生态沟渠和对照沟渠中 NO_3^--N 的去除速率呈现波动状态，但生态沟渠中 NO_3^--N 的去除速率与对照沟渠中 NO_3^--N 去除速率无明显差别（$P > 0.05$）。植物生长初期、中期和后期，两条沟渠中 NO_3^--N 的去除速率相对较高，这主要是由于植物吸收氮素较多，同时由于植物庞大的根系已经形成，加速了沟渠水体中 NO_3^--N 向孔隙水扩散的速率，另外高初始进水浓度条件增加了水体与土壤孔隙水中 NO_3^--N 浓度梯度，进一步促进了水体中 NO_3^--N 向土壤孔隙水中扩散。从图 6-15 还可以看出，NO_3^--N 的去除率呈现减小趋势。在植物生长中期和后期，由于沟渠水体的蒸发和植物蒸腾作用的减弱，影响了这两个时期的去除率，同时也说明植物吸收能力减弱。

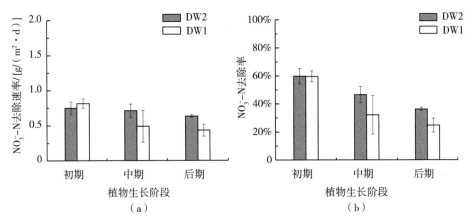

图 6-15　高初始进水浓度条件下植物不同生长阶段沟渠中 NO_3^--N 的去除速率和去除率

第三节　静态条件下生态沟渠中磷迁移转化特征

随着农业经济及人口的快速发展，农作物对营养元素的需求增加，致使农田养分的投入量和积累量增加，农田养分的流失量亦不断增加。农田流失的养分随地表径流或农田退水经由农田排水沟渠汇入农田区下游水体，导致下游水体富营养化，使地表水环境质量保护面临巨大的挑战。其中，农业面源污染物中的磷素是水体富营养化的主要限制性因子之一。秦沂樟等（2022）研究发现不同植被类型中，多种人工植被组合的生态沟渠去除效果最好，其总磷平均去除效率为53.93%；不同沟渠材质中，边坡半衬砌的生态沟渠的总磷平均去除效率为58.22%，效果最佳；基质类强化措施更有助于提高生态沟渠对总磷的去除效果，其平均去除效率能达到53.53%；当气候温度在 > 25 ～ 35 ℃时，生态沟渠对总磷去除效率最高，平均值为57.18%；不同水力停留时间条件下，超过24 h时生态沟渠对总磷的平均去除效率最佳，达到72.12%。由此可见，植物、基质和停留时间对生态沟渠对磷素的去除影响较大。本节主要研究生态沟渠和对照沟渠不同组分中磷的迁移变化规律，为研究区农业面源污染物磷污染防治提供方法和理论指导。

一、生态沟渠中磷素变化规律

（一）沟渠水中磷的迁移转化规律

图6-16为低初始进水浓度下，植物不同生长时期沟渠水体中PO_4^{3-}-P浓度随时间变化情况。由于水中初始进水PO_4^{3-}-P浓度较低（< 2.5 mg/L），生态沟渠与对照沟渠中PO_4^{3-}-P浓度无明显差异（$P > 0.05$），且变化趋势相同。在植物生长初期和中期，生态沟渠和对照沟渠中PO_4^{3-}-P浓度下降幅度高于植物生长后期的生态沟渠和对照沟渠PO_4^{3-}-P浓度下降幅度，这主要和植物在后期有限的吸收能力有关，而且在这两个实验阶段后期，由于水中PO_4^{3-}-P浓度较低，沟渠截留净化能力的作用不明显，使得这两个实验后期PO_4^{3-}-P浓度变化不大。另外，在实验后期基质坝基质吸收量也受限，进而影响了沟渠对PO_4^{3-}-P的截留净化能力。

图6-17所示为高初始进水浓度下植物不同生长阶段沟渠水体中PO_4^{3-}-P浓度变化情况，而植物3个生长阶段，生态沟渠与对照沟渠中PO_4^{3-}-P浓度变化无明显差异（$P > 0.05$）。在生长初期，植物快速生长吸收磷素速率较快，再加上由于沟渠底泥和土壤的吸附作用，提升沟渠中PO_4^{3-}-P浓度的下降幅度。在生长中期和后期，植物吸收相对减弱，同时底泥和土壤由于前期的吸附抢

占现有吸附位点，致使这两个时期实验后期 PO_4^{3-}-P 浓度基本保持平稳，但由于植物在其生长中期仍然吸收磷素供应植物地上部分的生长，因此，植物生长中期两条沟渠中 PO_4^{3-}-P 浓度下降的幅度略高于植物生长后期时 PO_4^{3-}-P 浓度下降幅度。

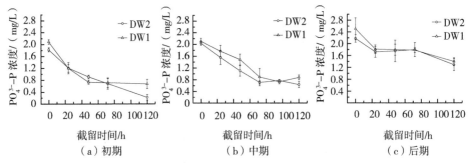

图 6-16　在低初始进水浓度下沟渠水体中 PO_4^{3-}-P 浓度随时间变化情况

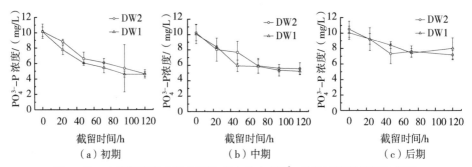

图 6-17　在高初始进水浓度下沟渠水体中 PO_4^{3-}-P 浓度随时间变化情况

（二）植物地上部分磷含量

植物吸收是排水沟渠湿地净化农业面源污染物磷的一个主要机制，但不同植物吸附能力不同。从表 6-2 得出，芦苇叶片所含磷的量高于茎中磷的量，且随芦苇的生长和成熟，芦苇茎叶中磷的含量减小，说明芦苇地上部分磷素亦向芦苇地下部分迁移，将磷素储存在芦苇根部；同时还可以看出 7 月芦苇地上部分体内磷素含量明显高于 9 月芦苇体内的磷素含量。而稗草展现出不同的现象，7 月、8 月稗草茎中磷含量高于叶中磷含量，由于磷素向稗草种子等处迁移和富集，导致9月稗草茎、叶中磷素含量降低。从表6-2还可以看出，稗子穗中磷含量随稗草的成熟而增加，说明磷在稗草中的迁移和积累不同于芦苇，芦苇和稗草均可吸收并积累磷素，如果不进行收割，将会导致植物吸收的磷素再次分解后重返沟渠系统，为了防止植物体内磷素再次返回沟渠，应将排水沟渠植物定期收割。另外，生态沟渠沟壁植物和沟底植物吸收磷单位含量无明显差别，但由于沟底植物长期过水和水淹，沟底植物生物量低于沟壁植物，进而影响沟底植物吸收磷的总量低于沟壁植物。王岩等（2010）研究发现，沟壁植物吸收磷素主要来自沟壁土壤，同时不能忽视沟渠水中磷素的扩散和土壤对磷素的吸附。

表6-2　排水沟渠中植物茎、叶磷含量

取样时间	处理方式		芦苇		稗草		
			茎	叶	茎	叶	穗
7月20日	DW2	DS	1.92	2.25	3.75	3.48	—
		DB	1.44	2.38	5.05	4.44	—
	DW1	DS	1.55	2.42	5.53	4.70	—
		DB	—	—	—	—	—
8月11日	DW2	DS	1.39	1.84	3.01	3.71	3.35
		DB	1.54	1.92	5.01	4.75	3.98
	DW1	DS	1.51	2.26	4.28	4.12	4.50
		DB	—	—	—	—	—
8月25日	DW2	DS	1.01	2.05	2.26	3.04	3.44
		DB	1.31	2.30	3.61	4.02	4.20
	DW1	DS	1.00	2.12	2.89	3.17	3.56
		DB	—	—	—	—	—

取样时间	处理方式		芦苇		稗草		
			茎	叶	茎	叶	穗
9月10日	DW2	DS	1.24	1.81	1.56	2.68	3.87
		DB	1.20	1.80	2.69	3.18	4.43
	DW1	DS	0.72	1.83	2.00	2.81	4.44
		DB	—	—	—	—	—
9月22日	DW2	DS	0.57	1.55	1.60	2.09	4.34
		DB	0.84	2.02	2.86	3.48	5.27
	DW1	DS	0.45	1.59	1.57	3.03	4.09
		DB	—	—	—	—	—

注：DS、DB 分别表示沟壁和沟底。

（三）底泥不同土层中磷变化规律

总体而言，生态沟渠底泥中全磷变化与对照沟渠之间没有明显差别（$P > 0.05$）（图6-18），均呈减少趋势，实验后期底泥全磷含量基本保持平稳。在 0～10 cm 土层中，生态沟渠底泥磷含量低于对照沟渠底泥磷含量，而在 10～25 cm 土层中，生态沟渠底泥磷含量高于对照沟渠，这说明沟底植物促进磷素向下扩散。在 8 月 18 日前，生态沟渠 0～10 cm 土层磷含量明显高于 10～20 cm 土层磷含量（$P < 0.05$），0～5 cm 土层磷含量明显高于 15～20 cm 土层磷含量（$P=0.004$），且分层明显，之后分层不明显。对照沟渠中 0～5 cm 土层磷含量高于 10～15 cm 和 15～20 cm 土层磷含量（$P < 0.05$），但整体分层不明显。其中，0～5 cm 土层磷含量是 10～15 cm 土层磷含量的 1.78～2.58 倍，是 15～20 cm 土层磷含量的 1.18～2.47 倍。另外，生态沟渠和对照沟渠中底泥全磷的最大值均出现在 0～10 cm 土层中。

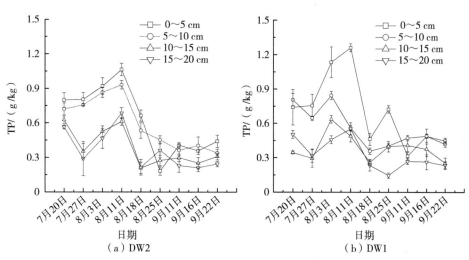

图 6-18 不同时期生态沟渠和对照沟渠不同底泥土层中 TP 含量变化

由于生态沟渠和对照沟渠中 Corg 含量随时间变化较少，致使沟渠中 C/P 比值主要由底泥中全磷含量决定，高全磷含量决定低的 C/P 比值，而低全磷含量决定高的 C/P 比值。如图 6-19 所示，生态沟渠和对照沟渠均呈现开始阶段有较低的 C/P 比值，实验后期 C/P 比值增加，但各层之间无明显差别。生态沟渠中 C/P 比值最大出现在 10～15 cm 土层，而对照沟渠中 C/P 比值最大出现在 0～5 cm 土层。有研究表明，低的 C/P 比值显示往年枯落物中含量磷化合物具有快速的分解速率（Berg et al.，2003）。另外，生态沟渠与对照沟渠中 C/P 比值亦无明显差别（$P > 0.05$），说明沟渠植物和基质坝基质对沟渠截留净化磷的能力影响较小，同时从图上还可看出，生态沟渠中 0～5 cm、5～10 cm 和 15～20 cm 土层中 C/P 比值较实验初期平稳，之后缓慢增加，而对照沟渠中仅 5～10 cm 土层中 C/P 比值呈现相同变化趋势，其余土层 C/P 比值在整个实验时期呈现较大波动。

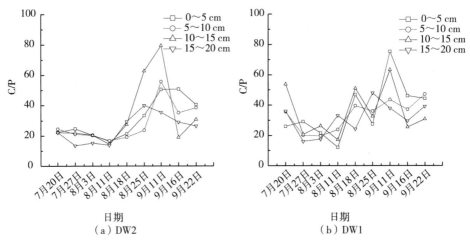

图 6-19　不同时期生态沟渠和对照沟渠不同底泥土层中 C/P 比值变化

从图 6-20 看出，生态沟渠与对照沟渠中碳库、氮库和磷库含量没有明显的差别，但生态沟渠中碳量和氮量略低于对照沟渠。沟渠底泥中碳累积量在 3 ~ 6 kg/m² 波动，但基本保持平衡；底泥中氮的累积量较低，基本保持在 0.25 ~ 0.45 kg/m²；而从底泥中磷的变化可看出，底泥中磷呈现减小状态，这主要是因为沟渠底泥长期处于干湿变化状态中，致使底泥团聚体发生变化，导致底泥吸附的磷素得以释放，同时在淹水条件下沟渠底泥呈厌氧状态，导致铁、铝等形态随之发生变化，底泥吸附能力下降。姚鑫和杨桂山（2009）指出沟渠底泥对磷的吸附与沉淀作用是最主要的除磷作用，但由于底泥对磷的吸附可能出现饱和状态，会使一部分磷由底泥重新释放到水中。因此，沟渠底泥的作用在某种程度上作为一个"磷缓冲器"来调节水中磷的浓度（Chescheir et al.，1992；李强坤 等，2010）。Nguyen 和 Sukias（2002）也研究发现，排水沟渠底泥中 42% ~ 57% 的磷素为松结合态磷素，这部分磷素作为临时磷库，较易从底泥中释放进入沟渠水体。同时也说明，沟渠底泥中碳、氮在植物生长季变化不大，尤其是氮素在植物生长季未呈现积累现象。

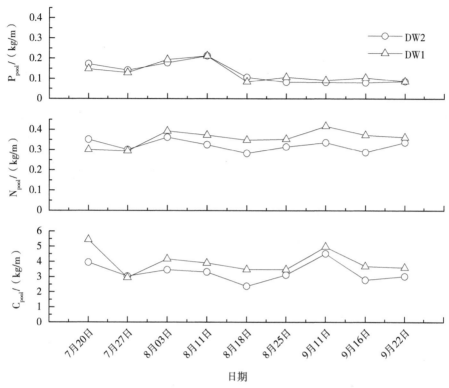

图 6-20　植草沟渠和对照沟渠底泥中碳和营养元素的库

（四）基质坝基质磷含量变化规律

图 6-21 为不同时期生态沟渠基质坝基质中磷含量变化情况。从图 6-21 可知，不同位置基质坝基质中含磷量不同，在 4 m 和 8 m 处基质坝基质磷含量高于后两个基质坝基质磷含量，但总体而言，磷在基质中的含量呈现一定的波动增加，其中在整个实验阶段基质累积磷的总量约为 17.81 g。在 4 m 和 8 m 处的基质坝由于离进水口较近，优先吸附水中磷素，因此，这两处基质坝基质积累的磷相对较多。另外，由于基质坝长期处于干湿变化条件下，基质坝基质表面附着大量适合这一环境条件的微生物，包括利用磷的微生物，强化基质坝基质吸附净化营养物质能力，进而引起基质中磷含量呈现一定的波动。因此，基质坝基质有利于排水沟渠中磷素去除。

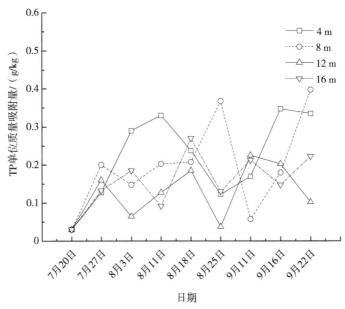

图 6-21　不同时期生态沟渠基质中 TP 的变化

二、生态沟渠截留磷素的能力

在低初始进水浓度条件下，PO_4^{3-}-P 的去除速率在植物不同生长阶段均低于 0.2 g/（m^2·d），3 个时期去除速率无明显差别，生态沟渠与对照沟渠之间亦无明显差异，但植物生长初期两条沟渠中 PO_4^{3-}-P 的去除速率最高，植物生长中期和后期 PO_4^{3-}-P 的去除速率相当（图 6-22）。在植物 3 个生长阶段，生态沟渠中 PO_4^{3-}-P 的去除率均高于对照沟渠，且随着植物生长，沟渠中 PO_4^{3-}-P 的去除率呈现减小趋势。其中，植物生长初期，生态沟渠中 PO_4^{3-}-P 的去除率为 91.78%，对照沟渠中 PO_4^{3-}-P 的去除率为 81.39%；而植物生长后期，生态沟渠中 PO_4^{3-}-P 的去除率减小为 60.54%，对照沟渠中 PO_4^{3-}-P 的去除率减小为 53.73%。

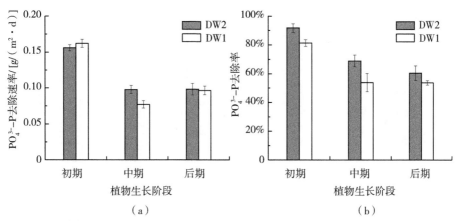

图 6-22　低初始进水浓度条件下植物不同生长阶段沟渠中 PO_4^{3-}-P 的去除速率和去除率

在高初始进水浓度条件下，生态沟渠和对照沟渠中 PO_4^{3-}-P 的去除速率明显高于低初始进水浓度下 PO_4^{3-}-P 的去除速率（图 6-23），这说明高初始进水浓度的 PO_4^{3-}-P 提升水体中 PO_4^{3-}-P 向沟渠底泥和土壤扩散的动力，促进上覆水中 PO_4^{3-}-P 截留净化。同时发现，生态沟渠与对照沟渠中 PO_4^{3-}-P 的去除速率相近，而且在植物生长后期，两条沟渠 PO_4^{3-}-P 的去除速率均较高，这说明由于植物根系的贯穿作用，导流水体向沟渠底泥和土壤深层迁移，促进沟渠底泥和土壤吸附作用的发挥，植物生长后期有较高的 PO_4^{3-}-P 去除速率，这使得植物生长后期生态沟渠中 PO_4^{3-}-P 去除速率明显高于对照沟渠（$P > 0.05$）。从图 6-23 亦可看出，生态沟渠中 PO_4^{3-}-P 去除率在植物生长初期较高，而植物生长中期和后期 PO_4^{3-}-P 去除率相当，这主要是由于计算去除率时，考虑水量在内，且由于 8 月处在雨季，土壤一般为饱和状态，而 9 月雨水较少，土壤和底泥处在未饱和状态，致使植物生长后期渠水相对较少进而导致生态沟渠中植物生长中期和后期去除率相当。另外，对比图 6-22 和图 6-23 中 PO_4^{3-}-P 去除率可发现，同一植物生长时期，低初始进水浓度条件下 PO_4^{3-}-P 去除率较高，主要是因为低初始进水浓度意味着相同水量中含有磷总质量较高初始进水浓度小，而在植物、底泥、土壤和微生物作用能力等相同条件下，在高初始进水浓度下沟渠 PO_4^{3-}-P 去除率较低。

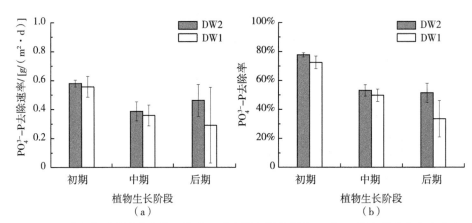

图 6-23　高初始进水浓度条件下植物不同生长阶段沟渠中 $PO_4^{3-}-P$ 的去除速率和去除率

第四节　静态条件下沟渠底泥孔隙水中氮、磷迁移转化

有关孔隙水氮、磷的研究大多集中在湖泊、河流和湿地中，而有关农业区排水沟渠孔隙水氮、磷的研究尚未涉及（Wang et al.，2011；李如忠 等，2012；Gao et al.，2012）。排水沟渠作为农业区连接农田和下游水体的重要通道，不仅疏导农田退水，也可通过沟渠下渗补充地下水。同时排水沟渠中水量变化主要有水体蒸发、植物蒸腾、向沟壁土壤扩散及向沟渠底泥孔隙扩散。由于排水沟渠各组分水分的连通性，沟渠水体中营养物质浓度可能影响底泥孔隙水水质，更有甚者影响到地下水水质。因此，有必要添加对沟渠底泥孔隙水水质研究，研究不同沟渠水体水质条件下孔隙水中氮、磷变化情况，补充研究排水沟渠水体中氮、磷向底泥孔隙水中扩散情况，明确沟渠水体中氮、磷向底泥孔隙水中扩散的量，评价沟渠水体水质对相应地下水水质潜在的风险性。

一、材料与方法

实验期5—10月在小区实验沟渠中，补充研究底泥孔隙水水质变化情况。在生态沟渠和对照沟渠中前、中、后原位打入直径为 25 cm 的 PVC 管，实验用 PVC 管埋深 30 cm，在距离沟底表面以下 10 ～ 15 cm 处均匀打孔，并在打孔处缠绕纱质井底布，防止已打孔洞被堵塞。注水 24 h 后开始采用虹吸法收集孔隙水，孔隙水样与生态沟渠静态实验为同一时期，分别于植物生长初期、中期、后期收集。当沟渠每次注水时，首先排空 PVC 管中原有水样。每次收集的孔隙水样收集在 100 mL 聚乙烯塑料瓶中并密封，快速放入 4 ℃移动冰箱中，运至实验室内，首先经过 0.45 μm 滤膜，之后在当天内分析测试出孔隙水中 NH_4^+-N、NO_3^--N 和 PO_4^{3-}-P 的浓度。

二、沟渠底泥孔隙水中氮、磷变化

（一）孔隙水中氮素变化

在低初始进水浓度条件下，沟渠底泥孔隙水中 NH_4^+-N 浓度均低于 3.5 mg/L，且在植物生长初期和中期，孔隙水中 NH_4^+-N 浓度均呈减小趋势，植物生长初期 NH_4^+-N 浓度下降幅度较大；而植物生长后期，孔隙水中 NH_4^+-N 浓度基本保持平稳（图 6–24），但在植物 3 个生长阶段，生态沟渠中 NH_4^+-N 浓度变化与对照沟渠中 NH_4^+-N 浓度变化没有明显差别（$P > 0.05$）。这主要是因为在植物生长初期，部分 NH_4^+-N 由底泥吸附，其余由植物根系直接从孔隙水中吸收利用，而植物生长初期快速吸收氮素，使得这一时期孔隙水中 NH_4^+-N 浓度有较大的下降幅度。但由于排水沟渠长期过水及上游排水沟渠水土的流失，引起沟渠底泥厚度增加，进而降低植物生长后期孔隙水中 NH_4^+-N 浓度。

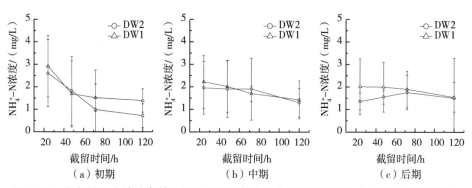

图 6–24　低初始进水浓度条件下植物不同生长阶段沟渠底泥孔隙水中 NH_4^+-N 浓度变化

对比低初始进水浓度条件，在高初始进水浓度条件下底泥孔隙水中 NH_4^+-N 浓度较高，在植物生长初期 NH_4^+-N 浓度亦呈现减小趋势，生态沟渠中 NH_4^+-N 浓度随截留时间变化而减小，而对照沟渠存在一定波动，整体而言，生态沟渠底泥孔隙水中 NH_4^+-N 的下降幅度大于对照沟渠；在植物生长中期生态沟渠孔隙水中 NH_4^+-N 浓度呈减小趋势，而对照沟渠孔隙水中 NH_4^+-N 浓度保持平稳趋势，且生态沟渠孔隙水中 NH_4^+-N 浓度高于对照沟渠孔隙水 NH_4^+-N 浓度，这主要是因为生态沟渠沟底植物根系打破紧实的底泥，便于上覆水中 NH_4^+-N 向底泥孔隙水中扩散，又由于较疏松的底泥相对表面积较大，增加底泥对 NH_4^+-N 的吸附量，同时植物吸收亦促进孔隙水中 NH_4^+-N 的减少。而植物生长后期，由于沟渠底泥厚度的增加及植物根系作用，生态沟渠孔隙水 NH_4^+-N 浓度先增加后保持稳定，由于对照沟渠沟底缺少植物作用，使得孔隙水 NH_4^+-N 浓度在 4.25 ～ 5.52 mg/L 范围波动（图 6–25 ）。

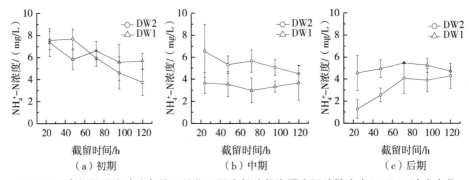

（a）初期　　　　　　　　（b）中期　　　　　　　　（c）后期

图 6–25　高初始进水浓度条件下植物不同生长阶段沟渠底泥孔隙水中 NH_4^+–N 浓度变化

在低初始进水浓度条件下，沟渠底泥孔隙水中 NO_3^--N 浓度变化如图 6–26 所示。在植物生长初期和后期，生态沟渠 NO_3^--N 浓度高于对照沟渠 NO_3^--N 浓度；而植物生长中期，生态沟渠 NO_3^--N 浓度低于对照沟渠 NO_3^--N 浓度，这说明植物生长初期和后期 NH_4^+-N 经过微生物的硝化作用转化并积累 NO_3^--N 的量高于植物生长中期孔隙水中 NO_3^--N 的量，另外，生态沟渠植物吸收 NO_3^--N 的量较对照沟渠高。总体而言，植物生长的 3 个时期，同一沟渠底泥孔隙水中 NO_3^--N 浓度变化均无明显差异，这说明低初始进水浓度条件下沟渠底泥孔隙水中 NO_3^--N 浓度季节变化不明显。在高初始进水浓度条件下，沟渠底泥孔隙水中 NO$_3^-$-N 浓度明显高于低初始进水浓度条件孔隙水中 NO$_3^-$-N 浓度，植物生长初期和中期，NO$_3^-$-N 浓度均在 4 mg/L 以上，但基本呈平稳状态，而植物生长后期生态沟渠底泥孔隙水中 NO$_3^-$-N 浓度一般在 2.95 ～ 3.344 mg/L，对照沟渠孔隙水中 NO$_3^-$-N 浓度却在 4.43 ～ 5.14 mg/L（图 6-27）。在高初始进水浓度条件下，由于上覆水中 NO$_3^-$-N 浓度较高，上覆水与孔隙水之间形成较大的浓度梯度，促进 NO$_3^-$-N 向底泥孔隙水中扩散，由于植物吸收使得植草沟渠孔隙水中 NO$_3^-$-N 浓度低于对照沟渠，这一现象在植物生长初期和后期较明显。同时还可以发现，孔隙水中氮素以 NO$_3^-$-N 为主，这与祝惠等（2011）对水田侧渗水中 NO$_3^-$-N 浓度较高的研究结果相似。另外，刘振坤等（2001）研究发现三江平原地表普遍覆盖着 3 ～ 17 m 厚的黏土层或亚黏土层，下渗系数为 0.0013 ～ 0.635 cm/ 天，因此，由沟渠水体下渗等方式污染地下水的可能性较小。

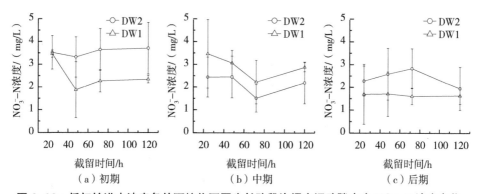

图 6-26 低初始进水浓度条件下植物不同生长阶段沟渠底泥孔隙水中 NO$_3^-$-N 浓度变化

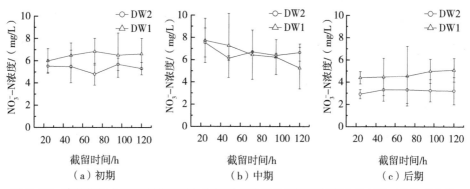

图 6-27 高初始进水浓度条件下植物不同生长阶段沟渠底泥孔隙水中 NO$_3^-$-N 浓度变化

（二）孔隙水中磷素变化

从图 6-28 和图 6-29 可得出，沟渠底泥孔隙水中 PO_4^{3-}-P 浓度较低，低初始进水浓度条件下孔隙水中 PO_4^{3-}-P 浓度 < 0.4 mg/L；而高初始进水浓度条件下，孔隙水 PO_4^{3-}-P 浓度 < 1.5 mg/L。植物生长初期和中期，生态沟渠与对照沟渠孔隙水中 PO_4^{3-}-P 浓度差异不明显，而植物生长后期生态沟渠孔隙水中 PO_4^{3-}-P 浓度明显低于对照沟渠孔隙水中 PO_4^{3-}-P 浓度，且这一时期的 PO_4^{3-}-P 浓度变化较平稳。由三江平原大部分农田来自草甸湿地的开垦，农田土壤呈现酸性，底泥中铁、铝均呈离子状态，易于无机磷发生沉淀反应，另外，植物根系的输氧作用，使得植物根区形成好氧区，更有利于无定形氧化态形式的铁、铝发生反应，致使底泥吸附能力强，促进孔隙水中磷的去除（Reddy et al., 1998）。同时对比高低初始进水浓度条件亦可得出，高初始进水浓度条件下孔隙水中 PO_4^{3-}-P 浓度较高，这说明上覆水中 PO_4^{3-}-P 浓度亦影响并决定孔隙水中 PO_4^{3-}-P 浓度，沟渠植物促进孔隙水中 PO_4^{3-}-P 的去除。

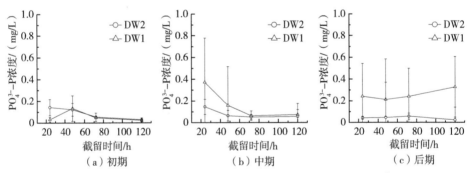

图 6-28　低初始进水浓度条件下植物不同生长阶段沟渠底泥孔隙水中 PO_4^{3-}-P 浓度变化

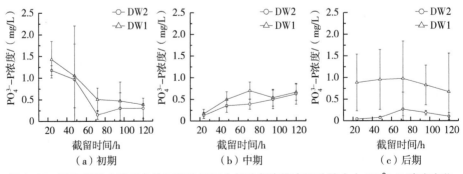

图 6-29　高初始进水浓度条件下植物不同生长阶段沟渠底泥孔隙水中 PO_4^{3-}-P 浓度变化

本章小结

本章通过农业区小区实验，研究了植物不同生长阶段生态沟渠各组分对水中氮、磷截留净化的作用；通过对沟渠底泥、植物等分析揭示了氮、磷在沟渠底泥和植物体内的迁移变化特征；阐明了生态沟渠系统截留氮、磷的贡献。结果表明：

（1）布设基质坝和补种植物的生态沟渠在水流条件下不仅能有效去除水中 NH_4^+-N 和 PO_4^{3-}-P，还能延长水力停留时间。静态条件下，生态沟渠具有较好的截留 NH_4^+-N、NO_3^--N、PO_4^{3-}-P 的能力，生态沟渠对它们的去除率均提高 7%～10%，说明改造的生态沟渠能有效控制农业面源污染物氮、磷。低初始进水浓度条件下，NH_4^+-N、NO_3^--N、PO_4^{3-}-P 去除速率分别为 0.30～0.44 g/（$m^2 \cdot d$）、0.15～0.38 g/（$m^2 \cdot d$）、0.10～0.16 g/（$m^2 \cdot d$）；高初始进水浓度条件，NH_4^+-N、NO_3^--N、PO_4^{3-}-P 去除速率分别为 0.83～1.19 g/（$m^2 \cdot d$）、0.63～0.74 g/（$m^2 \cdot d$）、0.39～0.58 g/（$m^2 \cdot d$）。因此，排水沟渠截留蓄水有利于氮、磷的去除。

（2）对植物地上部分各组织进行分析发现，随着芦苇的生长发育，沟壁和沟底芦苇体内营养元素含量均表现为减小趋势，说明芦苇地上组织氮、磷含量逐渐向根部迁移，而共生的稗草却表现出一定的波动性，最终将营养物质汇集在穗（种子）中。

（3）底泥中 Corg 和 TN 呈现明显的分层现象，0～10 cm 土层 Corg 含量和 TN 含量高于 10～20 cm 土层含量，总体而言，底泥中 Corg 含量和 TN 含量均未表现出积累或减少，且生态沟渠中 Corg 含量低于对照沟渠。随着植物生长，沟渠中 TP 含量减小，且以无机磷形式释放，这说明底泥中 Corg、TN 和 TP 含量变化可能主要是由于底泥吸附性、微生物活动、植物吸收、干湿变化等影响，同时说明排水沟渠过水、蓄水、干湿变化等对底泥中 Corg 含量和 TN 含量变化影响较小，但对底泥中 TP 的影响较大。

（4）基质坝基质对氮、磷的积累量呈现一定的波动性，整个实验阶段氮素和磷素的积累量分别为 30.26 g 和 17.81 g，说明沟渠内布设基质坝不仅延长水力停留时间，基质坝基质也有利于水中氮、磷的截留净化能力。

（5）无论高浓度还是低浓度条件下，沟渠底泥孔隙水具有相对较高的 NH_4^+-N 和 NO_3^--N 浓度，而孔隙水中氮素以 NO_3^--N 为主要形式，但孔隙水中 PO_4^{3-}-P 浓度较低，说明沟渠底泥中富含氧化态的铁、铝，易与孔隙水中游离态的 PO_4^{3-}-P 发生复杂的沉淀反应。沟渠上覆水中氮、磷浓度影响并决定孔隙水中氮、磷浓度。然而，由于三江平原地下土壤渗透系数较低，沟渠水体通过下渗方式污染地下水的可能性较小。

第七章

基于面源污染截留的三江平原生态沟渠设计与管理

作为我国最大的商品粮基地，黑龙江省是实现国家"新增千亿斤粮食生产能力建设"战略工程的重点省区，目前正在实施的"千亿斤粮食生产能力建设战略工程"主要通过大面积发展水田达到增产目标，因此，农田排水沟渠在农业生产过程中水利功能和环境效应不容忽视。本章在前面小区实验研究结果的基础上，根据农田排水沟渠截留氮、磷能力及其影响因素，规划设计出适合三江平原大规模水田开发背景下，有利于拦截面源污染的生态沟渠模式，为缓解三江平原农业开发与环境污染矛盾提供技术支持。

目前，三江平原农田排水沟渠的管理维护措施主要有清淤、收割植物和控制排水等。排水沟渠清淤后，排水能力得以提高，沟渠底部沉积的氮、磷等养分和污染物通过清淤被移出沟渠系统，减少沟渠内源污染物的释放，改善沟渠内地表水水质。然而，沟渠底泥清淤对沟渠内植物群落组成、动物群落均有明显的影响。合理调控农田排水，不仅有利于提高水分利用效率，减少农田氮、磷损失，改善农业区水环境，同时控制排水可减少地表径流量，削减径流洪峰，调控排水在沟渠中的水力停留时间。

第一节 三江平原的生态沟渠设计

一、设计原则与规范

（一）设计原则与目的

根据农田排水沟渠主要功能是以农田排水为主，兼顾发挥污染控制和生态廊道功能的原则，结合当前三江平原稻田耕作与排水管理现状，充分利用三江平原原有农田排水沟渠，对沟渠进行一定的工程和生物改造，使构建的生态沟渠在保持原有排水功能的基础上，增加截留净化农田排水中氮、磷的能力，充分发挥沟渠系统的生态功能，提高水资源的利用率。以将Ⅴ类水质经过处理后改善为Ⅲ类水质为目的进行设计。

（二）设计规范

参照下面文件中的相关规定，构建适合三江平原的生态沟渠：
《灌溉与排水工程设计规范》（GB 50288—1999）；
《灌溉与排水工程技术管理规程》（SL/T 246—1999）。

（三）生态沟渠设计内容

通过采用设置闸阀、基质坝等辅助工程设施、补种植物等措施改造的沟渠，对农田排水中氮、磷等通过吸附、吸收及沉淀等作用而得以净化，达到减少农田养分流失、提高水中氮、磷去除率、减少排水中污染物氮、磷含量的目的，同时这类生态沟渠也具有消减农田排水洪峰的功能。本设计的生态沟渠主要由工程部分和生物部分组成，工程部分主要包括沟渠沟体及生态拦截坝、节水调节闸阀等；生物部分主要包括沟壁、沟底的植物。本设计符合《灌溉与排水工程设计规范》（GB 50288—1999）和《灌溉与排水工程技术管理规程》（SL/T 246—1999）的相关要求。

二、生态沟渠设计

（一）沟渠密度、布局

生态沟渠建设密度应能满足三江平原农田排水、稻田布局要求，并根据目前三江平原沟渠密度，以及生态拦截需求，由于三江平原水田布局整齐划一，一般为以 2000 亩为单元，因此，以 2000 亩为单位构建生态沟渠 1000 m。生态沟渠一般主要是指分布在水田区的斗渠和农渠的生态设计。

（二）工程设计

1. 渠体设计

三江平原常见的沟渠断面为梯形，选择沟渠上口宽 2.5 m，沟底宽 1.0 m，沟深 1.5 m。沟渠沟壁、渠底均为原状土质（图 7-1）。

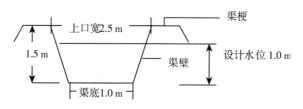

图 7-1　生态沟渠断面示意

2. 基质坝设计

基质坝由栅板和基质坝组成。栅板由栅条和框架组成，基本参数与尺寸包括栅板上下宽度 A 和 B、栅条间隙 b，根据三江平原沟渠断面尺寸、过水面积等参数选用数值。根据前文沟渠设计参数，得出 A 为 2.5 m、B 为 1.5 m、H 为 0.7 m、b 为 0.05 m 左右，基本形式如图 7-2 所示，为固定栅板现将栅板镶嵌在沟壁土壤和沟渠底泥中，其中沟壁两侧分别嵌入 0.25 m、沟底嵌入 0.2 m。基质坝根据沟渠断面形状，设计为铁质梯形条状框，上下底厚度 a 为 0.3 m、下底宽 b 为 1 m、上底宽 c 为 2.0 m，条间距 b 为 1 cm，基质筐净高 h 为 0.5 m，并配有相同材质的把手，便于更换基质坝基质（图 7-3），基质坝布设如图 7-4 所示。基质坝基质选择要求：对水中氮、磷具有较强的吸附能力，同时为微生物附着提供载体，不易流失，来源丰富易于更换。本研究以较为常见的炉渣作为填充物，也可采用钢渣、沸石、陶粒等中的一种或几种组合，基质粒径为 1 ～ 5 cm。

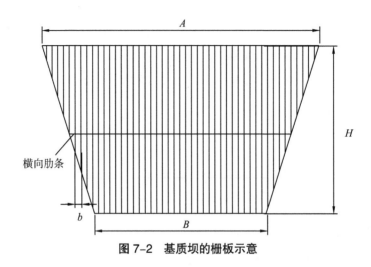

图 7-2　基质坝的栅板示意

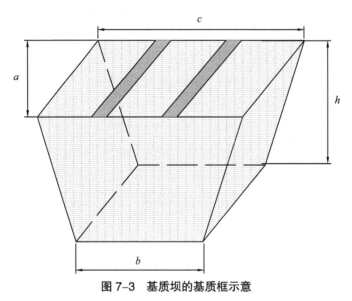

图 7-3　基质坝的基质框示意

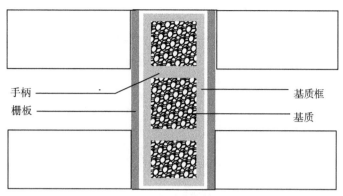

图7-4　基质坝布设示意

3. 节水调控闸阀设计

在生态沟渠的出水口用闸阀调控进水流速、蓄水和排水。节水调控闸阀主要由拦截坝和调节闸阀组成。建造混凝土拦截坝，形状为等腰梯台，高度为1.5 m，并高于沟渠沟壁0.3 m，上下底宽度分别为1 m、0.5 m，并设置卡槽，拦截坝对称分布于沟壁两侧，确保有效过水面积为0.0825 m²。调控闸阀主要由闸阀支架和闸门组成。在两个拦截坝之间设置一个调控闸阀。调控闸阀设置于两个拦截坝中间，闸阀支架固定在拦截坝上，以拦截坝上表面为基准，闸阀支架高度为1.6 m，支架宽度为1.0 m；闸门的上下宽度均为0.8 m，高度为1.6 m，闸门采用垂直式铁质闸门，通过螺纹调节升降，利用螺母固定，为确保不影响农田正常排水条件下，本装置设置三挡调节螺纹分别为高、中、低挡，以调节阀支架横梁为基准，高、中、低挡的螺纹与支架横梁距离分别为1.5 m、1.0 m、0.5 m，根据农田排水量、排水流速等调节闸门位置，改变生态沟渠进出水流速，延长上游农田排水水力停留时间，也为农田节水灌溉提供了基础设施，基本构建如图7-5所示。

4. 材料选择

参照《灌溉与排水工程设计规范》（GB 50288—1999）要求进行构建。

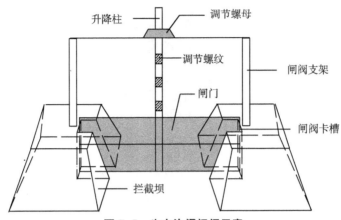

图 7-5　生态沟渠闸阀示意

5.生态沟渠的植物选择与配置

植物选择与配置在当地常见易于移栽，对氮、磷营养元素具有较强吸收能力，生长旺盛，具有庞大根系，有利于沟渠稳坡固土，具有一定经济价值或易于生长管理再利用，并可为沟渠中的野生动植物提供一定的生长环境。

沟渠植物作为生态沟渠的重要组成部分，由人工补种和自然生长的植物组成。沟壁以自然生长的植物为主，并补种三江平原常见的湿地植物芦苇、小叶章、黑麦草等，增加沟壁植物密度，同时充分利用沟渠上方空间，或补种其他当地常见植物香蒲、经济植物茭白，沟底种植挺水植物芦苇、香蒲等。

第二节　生态沟渠构建及管理

一、生态沟渠构建

因地制宜，确保流水条件下，延长水力停留时间，降低流速，减少排水中污染浓度，并确保蓄水条件下，降低沟渠土壤滑坡风险性，提高氮、磷污染去除效果。根据三江平原现有农田排水管理及目前沟渠布局，生态沟渠主要由工程部分和植物部分组成，其两侧沟壁和沟底种植上述植物，在沟体内相隔一定距离（一般为 100 m）设置可移动基质坝，减缓过水水速、延长水力停留时间，使流水携带的颗粒物质和养分等得以沉淀和去除，同时在蓄水条件下，也能吸附水中氮、磷等污染物。通过调节生态沟渠进出口闸门也能减少过水流速。这一生态沟渠设置在三江平原沟渠系统（毛渠—农渠—斗渠—支渠—干渠）中的斗渠中。其中，沟壁补种芦苇等植物，种植密度为 40 ～ 50 株 /m²，小叶章种植密度为 60 ～ 80 株 /m²，沟底挺水植物芦苇的种植密度为 20 ～ 30 株 /m²，保障排水畅通的同时利用植物吸收水中氮、磷。

二、生态沟渠管理

基本管理应符合《灌溉与排水工程技术管理规程》（SL/T 246—1999）规定要求。根据农田需水等影响，建议在农田需水期渠水在沟渠的停留时间为 4 ～ 6 天，在进水污染负荷大或非需水期，应适当延长渠水在沟渠的停留时间。针对生态沟渠尤其进水口与第一个基质坝之间，由于栅板作用，易造成沟底淤泥淤积，在淤泥厚度超过 20 cm 或杂草丛生，严重影响水流的区段，应及时清淤或刈割部分植物，保证正常排水和沟渠的容量。根据相关研究可知，生态沟渠底泥中富含大量去除氮、磷的微生物、植物根系、种子及植物生长所需的微量元素，应保留部分淤泥。由于本设计采用栅板及透水基质坝拦截过滤上游过水，致使上游流失的悬浮物等拦截下来，减少清淤沟段长度，因此，可集中清除生态沟渠前段的淤泥，建议 3 ～ 5 年清淤一次。由于植物衰老枯萎，致使植物地上部分营养物质向根部或种子迁移，其余经过微生物分解而释放有机质和营养物质，易造成二次污染，为防止植物地上部分体内的氮、磷再次进入沟渠系统，要对沟渠植物经行适时刈割，并加以利用，如造纸或加工后作为畜禽饲料。在生态沟渠附近应减少人为活动，便于植物生长，保护生态沟渠植物的多样性。

三、其他管理要求

（1）构建农田生态沟渠时，要充分考虑周边生态环境，确保生态沟渠建设不会对周边生态系统造成破坏。还要考虑水资源的供给和排放，评价三江平原农田灌排水管理条件下生态沟渠对生态环境的影响，制定合理的建设方案。

（2）优先选择绿色环保性能强、对生态系统影响小的建设材料，选择复合环保要求的建设材料，可减少对农田生态环境的影响，保护当地生态系统的稳定性。

（3）加强地生态沟渠的维护与管理。定期对生态沟渠进行现场勘察和维护，及时发现问题并进行处理，可有效保障生态沟渠的正常运行及寿命，同时，加强对周边环境的实时监测，及时发现环境变化及突发事件，并采取相应的措施，保护生态系统的稳定性。

（4）加强对农田生态沟渠的宣传和教育工作。通过宣传和教育，增强公众对生态沟渠的认识和理解，提高公众对农田生态环境的保护意识，从而形成全社会共同参与生态环境保护的良好氛围。

（5）建立健全农田生态监督和评估机制。建立健全的监督机制，加强对农田生态沟渠建设和运行的监督，及时发现问题并进行处理。同时，建立健全的评估机制，对生态沟渠的建设和运行进行定期评估，及时发现问题并及时改进，保证农田生态沟渠的持续稳定运行。

本章小结

本章概述了目前排水沟渠管理及生态沟渠构建的现状情况，结合本章现有研究，设计出适合当下三江平原农田排水管理的生态沟渠。

由于生态沟渠设置栅板，拦截上游来水中悬浮物，不仅降低流水的流速，促进悬浮物沉降，保障沟底植物的生长，也可减少排水沟渠清淤沟段长度，进而降低生态沟渠之后的排水沟渠清淤频次，沟壁植物能减弱过水对沟壁土壤的冲刷。基于前人研究及本书前期研究工作，设计出适合三江平原排水管理的生态沟渠，将对水田面源污染物起到截留净化的作用。

第八章

结论及展望

第一节　研究结论

本书针对农田排水带来的面源污染问题，以三江平原大规模水田开发及农田管理为背景，采用小区实验，深入研究氮、磷在农田排水沟渠各组分的迁移转化机制及影响因素，揭示氮、磷在排水沟渠各组分的归趋，评价生态沟渠截留净化氮、磷的能力，设计适合三江平原大规模水田化作用下的生态沟渠，得出以下主要结论。

（1）农业面源污染物通过人为排水、暴雨径流、侧渗等方式进入沟渠，施肥量、排水量及暴雨径流大小均可引起排水沟渠水质的变化。作物生长早期和中期排水沟渠中营养物质浓度一般较高，水质多处于Ⅴ类水，这对下游受纳水体产生潜在的污染风险性，主要污染物是 NH_4^+-N 和 NO_3^--N。其中，排水沟渠水中 NH_4^+-N 浓度为 0.21 ~ 6.91 mg/L、NO_3^--N 浓度为 1 ~ 4 mg/L、PO_4^{3-}-P 浓度为 0.04 ~ 0.45 mg/L。此外，充分利用农田排水沟渠蓄积农田排水，既可以提高地下水的利用率，还可以增加对地下水的补给，减少灌溉对地下水的抽取量，亦能有效截留净化水中氮、磷。

（2）在影响因素研究中发现，低初始进水流速条件下，延长水力停留时间，有利于排水沟渠沟壁土壤和底泥对过水中 NH_4^+-N 和 PO_4^{3-}-P 的吸附截留，有利于沟底植物的保育，同时减少对沟壁冲刷，降低水土流失的风险性。干湿变化也影响沟渠底泥对氮素的截留净化能力，研究结果显示沟渠短期干涸（8天）再水淹，有利于沉积物对氮的去除，这同时间接说明研究区因降雨、排水而使沟渠呈现干湿变化状态，有利于沟渠底泥对氮的去除。对于水位而言，高水位提升了水中 NH_4^+-N、NO_3^--N 和 PO_4^{3-}-P 的去除速率，减少了沟渠植物生物量，导致沟壁滑坡，降低孔隙水中 NH_4^+-N、NO_3^--N 和 PO_4^{3-}-P 浓度，而水位的高低对底泥中 TN、TP 和 Corg 的影响不大。进水浓度也影响排水沟渠截留能力。低浓度条件下排水沟渠中 NH_4^+-N 和 PO_4^{3-}-P 具有较高去除率，均在 70% 以上，而高浓度条件下沟渠对水中 NH_4^+-N、NO_3^--N 和 PO_4^{3-}-P 的去除率相对较低，但拥有较高的去除速率，同时排水沟渠上覆水中营养物质浓度影响底泥孔隙水中营养物质浓度。研究还发现，由于植物不同生长阶段对水中氮、磷的吸附能力不同，导致植物不同生长阶段沟渠截留净化氮、磷的能力不同，而对孔隙水中氮、磷浓度变化影响不明显。另外，高水位条件下，排水沟渠水质出现水质分层现象。为防止高水位导致沟壁土壤大面积的滑坡以及充分利用沟壁土壤颗粒的吸附能力，建议农田排水沟渠中水位不宜高于排水沟渠沟深的 2/3。

（3）通过对比不同植物配置的沟渠发现，芦苇沟渠和小叶章沟渠截留净化水中氮、磷能力相当，但由于芦苇沟渠截留净化氮素的能力较强，以及芦苇植物生长周期较长，有利于农田后期排水中营养物质的去除，建议采用芦苇作为沟渠补种植物。通过基质筛选实验研究发现炉渣对 NH_4^+-N、PO_4^{3-}-P 的饱和吸附量分别为 0.49 mg/g、0.99 mg/g，对两者的吸附速率分别为 0.10 mg/（g·h）、0.048 mg/（g·h），其中，对 NH_4^+-N 的吸附效果呈现"快速吸附，慢速平衡"的现象，而对 PO_4^{3-}-P 的吸附效果呈现"快速吸附，慢速吸附"的现象，而由于炉渣质地较硬容易固定，应作为基质坝优选基质，达到"以废治废"目的。

（4）经过改造的生态沟渠具有较好的截留 NH_4^+-N、NO_3^--N、PO_4^{3-}-P 能力，这类沟渠对它们的去除率均提高 7% ～ 10%，说明改造的生态沟渠能有效控制农业面源污染物氮、磷。其中，生态沟渠中基质坝基质整个实验阶段积氮素和磷素的量分别为 30.26 g 和 17.81 g，说明沟渠内布设基质坝有利于水中氮、磷的截留净化能力。

（5）对植物地上部分各组织进行分析发现，随着芦苇的生长发育，沟壁和沟底芦苇体内营养元素含量均表现为减少趋势，说明芦苇地上组织氮、磷含量逐渐向根部迁移，而共生的稗草却表现出一定的波动性，后期部分营养物质汇集在穗（种子）中，为了防止植物体内的营养物质经分解再次进入沟渠系统，建议适时对沟渠植物进行收割。

（6）对沟渠中 Corg、TN 和 TP 的研究发现，底泥中 Corg 和 TN 呈现明显的分层，0～10 cm 土层 Corg 和 TN 含量高于 10～20 cm 土层含量，仅有 TP 含量呈现减少状态，并主要以无机磷形式释放，这说明底泥是磷的暂时"磷储存器"。同时底泥中 Corg 和 TN 含量变化不大，说明沟渠过水、积水、落干对底泥中 Corg 和 TN 影响不大，但对 TP 产生影响。

（7）沟渠底泥孔隙水具有较高的 NH_4^+-N 和 NO_3^--N 浓度，而孔隙水中 PO_4^{3-}-P 浓度较低，底泥吸附、植物吸收及微生物硝化等作用影响孔隙水中 NH_4^+-N、NO_3^--N 浓度变化，而底泥吸附和植物吸收主要影响孔隙水中 PO_4^{3-}-P 的浓度变化。但由于三江平原地下土壤渗透系数较低，沟渠水体通过下渗方式污染地下水的可能性较小。

（8）基于前人及本文研究的成果，设计出适合三江平原农田排水管理的生态沟渠，不仅具有输水导流、削弱洪峰的功能，也对水田面源污染物起到截留净化的作用。

第二节　研究展望

本书研究了三江平原排水沟渠（包括生态沟渠）中氮、磷迁移转化规律及其影响因素，以及底泥孔隙水中氮、磷浓度变化情况，揭示氮、磷在排水沟渠各组成部分中的迁移转化过程。研究结果有助于深入理解我国东北地区农田排水沟渠控制面源污染特征，亦可为大规模水田开发过程的农业面源污染控制提供参考依据。但仍存在以下不足，须在今后研究中进一步加强：

（1）农田排水沟渠植物庞大的根系系统，不仅吸收沟渠水体、底泥中的氮、磷，也能吸收毗邻农田和深层沟渠底部土壤中的氮、磷，不易对沟壁植物及根系吸收水中氮、磷进行量化，应结合同位素技术，进一步明确沟渠植物截留氮、磷的贡献率，同时可探明沟渠水体向土壤、底泥中扩散的氮、磷迁移转化机制。

（2）通过本书研究发现，排水沟渠沟壁土壤在截留净化水中氮、磷的过程中起到独特的作用，不仅吸附排水中的氮、磷，也为植物提供附着物，同时沟渠水中与沟壁土壤和孔隙水之间进行物质交换，然而有关这一物质交换尚缺乏相关的研究，为明确排水沟渠中污染物的归趋，有必要开展对沟壁土壤吸附能力及孔隙水中污染物变化特征的研究。

（3）农田排水沟渠作为农业区的重要景观类型之一，在维持农业生态系统生态平衡和生物多样性及生态系统健康等方面具有重要作用，有必要对农田排水沟渠生物多样性及其对农业区起到的生态功能进行研究，充分发挥排水功能的同时发挥其生态服务功能和环境效益，如构建农田生态廊道等。

（4）农田排水生态沟渠是一个深度人工改造的人工湿地系统，也是由植物—填料—微生物—土壤/底泥共同组成的复杂生态系统，污染物的去除是通过各种作用的联合作用完成，因此投放添加有益微生物或含铁物质等基质、调控水体铁碳等物质或种植能在植物根际富集铁氧化物的植物等方式强化生态沟渠截留净化水中氮磷的功能。

（5）生态沟渠构建也应关注多种植物组合强化排水沟渠的同时，也应研发多种填充基质组合强化沟渠截留净化能力，这些措施能有效提高我国北方农田排水沟渠截留净化农业面源污染的能力。

（6）由于三江平原地域辽阔，完整的排水沟渠系统已形成网状结构，而不同等级的排水沟渠因地形、地貌特征、植物配置不同，水中面源污染物在多级沟渠系统（毛渠—农渠—斗渠—支渠—干渠）迁移变化规律也将不同，为了更好地控制农业面源污染，应充分发挥各级沟渠作用，因此，有必要对多级沟渠系统中农业面源污染的迁移转化规律及控制措施展开研究。

参考文献

[1] AL-OMARI A，FAYYAD M. Treatment of domestic wastewater by subsurface flow constructed wetlands in Jordan［J］. Desalination，2003，155：27–39.

[2] BERG B，MCCLAUGHERTY C. Plant litter：Decomposition，Humus Formation，Carbon Sequestration［M］. 2nd Edition. Berlin：Springer Verlag，2003.

[3] BOERS P C M. Nutrient emission from agriculture in the netherlands，causes and remedies［J］. Water science and technology，1996，33（4）：183-189.

[4] BOUWMAN L，GOLDEWIJK K K，VAN DER HOEK K W，et al. Exploring global changes in nitrogen and phosphorus cycles in agriculture induced by livestock production over the 1900–2050 period［J］. PNAS，2013，110（52）：20882-20887.

[5] CHESCHEIR G M，SKAGGS R W，GILLIAM J W. Evaluation of wetland buffer areas for treatment of pumped agricultural drainage water［J］. Transactions of the asae，1992，35（1）：175-182.

[6] COOPER P F，FINDLATER B C. Contracted wetland and in water pollution control［M］. Oxford: Pergamon press，1990：77- 96.

[7] DALOGLU I，CHO K H，SCAVIA D. Evaluating causes of trends in long-term dissolved reactive phosphorus loads to Lake Erie［J］. Environmental science & technology，2012，46（19）：10660-10666.

[8] DELGADO J A，BERRY J K. Advances in precision conservation［J］. Advances in agronomy，2008，98：1-44.

[9]   DRIZO A, FROST C A, SMITH K A, et al. Phosphate and ammonium removal by constructed wetlands with horizontal subsurface flow, using shale as a substrate [J]. Water science and technology, 1997, 35（5）: 95-102.

[10]   FABRE A C. Inorganic-phosphrate in exposed sediments of the River Garonne[J]. Hydrobiologia, 1992, 228（1）: 37 - 42.

[11]   GAO F, DENG J C, LI Q Q, et al. A new collector for in situ pore water sampling in wetland sediment [J]. Environmental technology, 2012, 33（3）: 257-264.

[12]   GOPAL B. Natural and constructed wetlands for wastewater treatment potential and problems [J].Water science and technology, 1999, 40（3）: 27-35.

[13]   GUO L, MA K M. Seasonal dynamics of nitrogen and phosphorus in water and sediment of a multi-level ditch system in Sanjiang Plain, Northeast China [J]. Chinese geographical science, 2011, 21: 437–445.

[14]   HART S C, NASON G E, MYROLD D D, et al. Dynamics of gross nitrogen transformations in an old-growth forest: The carbon connection [J]. Ecology, 1994, 75: 880-891.

[15]   HERZON I, HELENIUS J. Agricultural drainage ditches, their biological importance and functioning [J]. Biological conservation, 2008, 141（5）: 1171-1183.

[16]   HICKEY C W, GIBBS M M. Lake sediment phosphorus release management: Decision support and risk assessment framework [J]. New Zealand journal of marine and freshwater research, 2009, 43（3）: 819-854.

[17]   HUANG T L, MA X C, CONG H B, et al. Microbial effects on phosphorus release in aquatic sediments[J]. Water science and technology, 2008, 58（6）: 1285-1289.

[18]   JANES J H, VAN PUIJENBROEK P J T M. Effects of eutrophication in drainage ditches [J]. Environmental pollution, 1998, 102（SUPPL 1）: 547-552.

[19]   JIANG C L, FAN X Q, CUI G B, et al. Removal of agricultural non-point

source pollutants by ditch wetlands: Implications for lake eutrophication control [J]. Hydrobiologia, 2007, 581: 319-327.

[20] KELDERMAN P, WEI Z, MAESSEN M. Water and mass budgets for estimating phosphorus sediment water exchange in Lake Taihu, China [J]. Hydrobiologia, 2005, 544: 167-175.

[21] KIELLAND K. Amino acid absorption by arctic plants: Implications for plant nutrition and nitrogen cycling [J]. Ecology, 1994, 75 (8): 2373-2383.

[22] KLEINMANP P J A. Managing drainage ditches for water quality [J]. Journal of soil and water conservation, 2007, 62 (4): 80A.

[23] KRÖGER R, COOPER C M, MOORE M T. A preliminary study of analternative controlleddrainage strategy in surface drainage ditches: Low-grade weirs [J]. Agricultural water management, 2008, 95 (6): 678-684.

[24] KRÖGER R, MOORE M T, LOCKE M A, et al. Evaluating the influence of wetland vegetation on chemical residence time in Mississippi Delta drainage ditches [J]. Agricultural water management, 2009, 96 (7): 1175-1179.

[25] KRONVANG B, GRAESBOLL P, LARSEN S E, et al. Diffuse Nutrient Losses in Denmark [J]. Water science and technology, 1996, 33 (4): 81-88.

[26] LI E H, LI W, WANG X L, et al. Experiment of emergent macrophytes growing in contaminated sludge: Implication for sediment purification and lake restoration [J]. Ecological engineering, 2010, 36 (4): 427-434.

[27] LIIKANEN A, MURTONIEMI T, TANSKANENH, et al. Effects of temperature and oxygen availability on greenhouse gas and nutrient dynamics in sediment of a eutrophic mid-boreal lake [J]. Biogeochemistry, 2002, 59 (3): 269 - 286.

[28] LINDAU C, BOLLICH P, BOND Soybean J. Best Management Practices for Louisiana, USA, Agricultural Nonpoint Source Water Pollution Control [J]. Communications in soil science and plant analysis, 2010, 41 (13): 1615-1626.

[29] LIU M, HOU L, XU S, et al. Adsorption of phosphate on tidal flat surface sediments from the Yangtze Estuary [J]. Environmental geology, 2002（42）: 657-665.

[30] LUO Z X, ZHU B, TANG J L, et al. Phosphorus retention capacity of agricultural headwater ditch sediments under alkaline condition in purple soils area, China [J]. Ecological engineering, 2009, 35（1）: 57-64.

[31] MA E D, ZHANG G B, MA J, et al. Effects of rice straw returning methods on N$_2$O emission during wheat-growing season [J]. Nutrient cycling in agroecosystems, 2010, 88（3）: 463 - 469.

[32] MA J, XU H, YAGI K, et al. Methane emission from paddy soils as affected by wheat straw returning mode [J]. Plant and soil, 2008, 313（1-2）: 167-174.

[33] MARTIN H W, IVANOFF D B, GRAETZ D A, et al. Water table effects on Histosol drainage water carbon, nitrogen, and phosphorus [J]. Journal of environmental quality, 1997, 26（4）: 1062 - 1071.

[34] MILSOM T P, SHERWOOD A J, ROSE S C, et al. Dynamics and management of plant communities inditches bordering arable fenland in eastern England [J]. Agriculture, ecosystems & environment, 2004, 103（1）: 85-99.

[35] MOUSTAFA M Z. Analysis of phosphorus retention in free-water surface treatment wetlands [J]. Hydrobiology, 1999, 392: 41 - 53.

[36] NEEDELMAN B A, KLEINMAN P J A, STROCK J S, et al. Improved management of agricultural drainage ditches for water quality protection: An overview [J]. Journal of soil and water conservation, 2007, 62（4）: 171-178.

[37] NG H Y, TAN C S, DRURY C F, et al. Controlled Drainage and Subirrigation Influences tile Nitrate Loss and corn Yields in a Sandy Loam Soil in Southwestern Ontario Agriculture [J]. Ecosystems and environment, 2002, 90（1）: 81-88.

[38] NGUYEN L, SUKIAS J. Phosphorus fractions and retention in drainage ditch sediments receiving surface runoff and subsurface drainage from agricultural catchments in the NorthIsland, New Zealand [J]. Agriculture, ecosystems & environment, 2002, 92 (1): 49-69.

[39] OLLI G, DARRACQ A, DESTOUNI G. Field study of phosphorous transport and retention in drainage reaches [J]. Journal of hydrology, 2009, 365 (1-2): 46-55.

[40] OLSON D M, WACKERS F L. Management of field margins to maximize multiple ecological services [J]. Journal of applied ecology, 2007, 44 (1): 13-21.

[41] ONGLEY E D. Non-point source water pollution in China: current status and future prospects [J]. Water international, 2004, 29 (3): 299–306.

[42] PENN C J, BRYANT R B, KLEINMAN P J A, et al. Removing dissolved phosphorus from drainage ditch water with phosphorus sorbing materials Penn C J [J]. Journal of soil and water conservation, 2007, 62 (4): 269-276.

[43] PRAKASA RAO E V S, PUTTANNA K. Nitrates, agriculture and environment [J]. Current science, 2000, 79 (9): 1163-1168.

[44] QIN Y M, LIU S W, GUO Y Q, et al. Methane and nitrous oxide emissions from organic and conventional rice cropping systems in Southeast China [J]. Biology and fertility of soils, 2010, 46 (8): 825-834.

[45] QIU S, MCCOMB A J. Effects of oxygen concentration on phosphorus release from reflooded air-dried wetland sediments [J]. Australian journal of marine and freshwater research, 1994, 45 (7): 1319-1328.

[46] QIU S, MCCOMB A J. Effects of oxygen concentration on phosphorus release from reflooded air-dried wetland sediments [J]. Australian journal of marine and freshwater research, 1994, 45 (7): 1319 - 1328.

[47] RAT-VALDAMBRINI M, BELKACEMI K, HAMOUDI S. Removal of ammonium cations from aqueous solution using arene-sulphonic acid functionalised SBA-15 as adsorbent [J]. Canadian journal of chemical

engineering，2012，90（1）：18-25.

[48] REDDY K，CONNER O，GALE P M. Phosphorus sorption capacities of wetland soils and stream sediments impacted by dairy effluent［J］. Journal of environmental quality，1998，27（2）：438-447.

[49] ROGERS K H，BREEN P F，CHICK A J. Nitrogen removal in experimental wetland treatment systems evidence for the role of aquatic plants［J］. Research journal of the water pollution control federation，1991，63（7）：934-941.

[50] SAKADEVAN K，BAVOR H J. Phosphate adsorption characteristics of soils，slags and zeolite to be used as substrates in constructed wetland systems［J］. Water research，1998，32（2）：393-399.

[51] SCHICK J，CAULLET P，PAILLAUD J L，et al. Phosphate uptake from water on a Surfactant-Modified Zeolite and Ca-zeolites［J］. Journal of porous materials，2012，19（4）：405-414.

[52] SHARPLEY A N，CHAPRA S C，WEDEPOHL R，et al. Managing agricultural phosphorus for protection of surface waters issues and options［J］. Journal of environmental quality，1994，23（3）：437-451.

[53] SKAGGS R W，YOUSSEF M A，EVANS R O. Agricultural drainage management effects on water conservation，N loss and crop yields P.41［C］// Proceedings of 2nd Agricultural Drainage and Water Quality Field Day，August 19，2005. Lamberton，MN：University of Minnesota.

[54] SMITH D R，WARNEMUENDE E A，HAGGARD B E，et al. Dredging of drainage ditches increases short-term transport of soluble phosphorus［J］. Journal of environmental quality，2006，35（2）：611-616.

[55] STROCK J S，DELL C J，SCHMIDT J P. Managing natural processes in drainage ditches for nonpoint source nitrogen control［J］. Journal of soil and water conservation，2007，62（4）：188-196.

[56] TANNER C C，NGUYEN M L，SUKIAS J P S，et al. Nutrient removal by a constructed wetland treating subsurface drainage from grazed dairy pasture［J］. Agriculture ecosystems & environment，2005，105（1-2）：145-162.

[57] TANNER C C, SUKIAS J P S, UPSDELL, M P. Relationships between loading rates and pollutant removal during maturation of gravel-bed constructed wetlands [J]. Journal of environmental quality, 1998, 27 (2): 448-458.

[58] TIAN Y W, HUANG Z L, XIAO W F, et al. Reductions in non-point source pollution through different management practices for an agricultural watershed in the Three Gorges Reservoir Area [J]. Journal of environmental sciences-China, 2010, 22 (2): 184-191.

[59] TILMAN D, CASSMAN K G, MATSON, P A, et al. Agricultural sustainability and intensive production practices [J]. Nature, 2002, 418: 671-677.

[60] TILMAN D. Global environmental impacts of agricultural expansion: The need for sustainable and efficient practices[J]. Proceedings of the national academy of sciences of the United States of America, 1999, 96 (11): 5995-6000.

[61] TOWPRAYOON S, SMAKGAHN K, POONKAEW S. Mitigation of methane and nitrous oxide emissions from drained irrigated rice fields [J]. Chemosphere, 2005, 59: 1547-1556.

[62] TWISK W, NOORDERVLIET M A W, TERKEURS W J. The nature value of the ditch vegetation in peat areas inrelation to farm management [J]. Aquatic ecology, 2003, 37 (2): 191-209.

[63] TYLER H L, MOORE M T, LOCKE M A. Potential for phosphate mitigation from agricultural runoff by three aquatic macrophytes [J]. Water air and soil pollution, 2012, 223 (7): 4557-4564.

[64] VAUGHAN R E, NEEDELMAN B A, KLEINMAN P J A, et al. Spatial variation of soil phosphorus within a drainage ditch network [J]. Journal of environmental quality, 2007, 36 (4): 1096-1104.

[65] VYMAZAL J. Nutrient cycling and retention in natural and constructed wetlands [M]. Leiden, The Netherlands: Backhuys, 1999: 1-17.

[66] WANG W W, LI D J, ZHOU J L, et al. Nutrient dynamics in pore water of tidal marshes near the Yangtze Estuary and Hangzhou Bay, China [J].

Environmental earth sciences, 2011, 63（5）: 1067-1077.

[67] WILLIAN S P, WHITFIELD M, BIGGS J, et al. Comparative biodiversity of rivers, streams, ditches and ponds in an agricultural landscape in Southern England [J]. Biological conservation, 2004, 115（2）: 329-341.

[68] WIM V R, JOHANNES F P M. Ammonium adsorption in superficial North Sea sediments [J]. Continental shelf research, 1996, 16（11）: 1415-1435.

[69] WU H T, LU X G, WU D H, et al. Biogenic structures of two ant species Formica sanguinea and Lasius flavus altered soil C, N and P distribution in a meadow wetland of the Sanjiang Plain, China [J]. Applied soil ecology, 2010, 46（3）: 321-328.

[70] XIA M, CRAIG P M, WALLEN C M, et al. Numerical simulation of salinity and dissolved oxygen at perdido bay and adjacent coastal ocean [J]. Journal of coastal research, 2011, 27（1）: 73-86.

[71] XIONG J B, MAHMOOD Q. Adsorptive removal of phosphate from aqueous media by peat [J]. Desalination, 2010, 259（1-3）: 59-64.

[72] YAN X Y, SHI SL, DU L J, et al. Pathways of N_2O emission from rice paddy soil [J]. Soil biology & biochemistry, 2000, 32: 437-440.

[73] YANG Y H, YAN B X, SHEN W B. Assessment of point and nonpoint sources pollution in Songhua river basin, Northeast China by using revised water quality model [J].Chinese geographical science, 2010, 20（1）: 30-36.

[74] YANG Y, CHEN Y, ZHANG X L, et al. Methodology for agricultural and rural NPS pollution in a typical county of the North China Plain [J]. Environmental pollution, 2012, 168: 170-176.

[75] ZHANG B H, WU D Y, WANG C, et al. Simultaneous removal of ammonium and phosphate by zeolite synthesized from coal fly ash as influenced by acid treatment [J]. Journal of environmental sciences-China, 2007, 19（1）: 540-545.

[76] ZHANG L, XIA M, ZHANG L, et al.Eutrophication status and control strategy of Taihu Lake [J]. Frontiers of environmental science & engineering

in China，2008，2（3）：280-290.

[77] ZHANG M K，HE Z L，CALVERT D V，et al. Spatial and temporal variations of water quality in drainage ditches within vegetable farms and citrus groves［J］. Agricultural water management，2004，65（1）：39-57.

[78] ZHAO Y Q，XIA Y Q，KANA T M，et al. Seasonal variation and controlling factors of anaerobic ammonium oxidation in freshwater river sediments in the Taihu Lake region of China［J］.Chemosphere，2013，93（9）：2124-2131.

[79] ZOU J W，HUANG Y，ZHENG X H，et al. Quantifying direct N_2O emissions in paddy fields during rice growing season in mainland China：Dependence on water regime［J］.Atmospheric environment，2007，41：8030-8042.

[80] 鲍士旦.土壤农化分析［M］.3 版.北京：中国农业出版社，2005.

[81] 蔡敏，崔娜欣，张旭，等.不同水力负荷对两种生态沟渠内沉水植物苦草净化效果的影响研究［J］.农业环境科学学报，2024，43（7）.

[82] 陈昊.秸秆还田、种植结构及施肥措施对土壤氮磷的影响［D］.合肥：安徽大学，2021.

[83] 成水平，吴振斌，况琪军.人工湿地植物研究［J］.湖泊科学，2002，14（2）：179-184.

[84] 崔力拓，李志伟，王立新，等.农业流域非点源磷素迁移转化机理研究进展［J］.农业环境科学学报，2006，25：353-355.

[85] 邓焕广，张菊，张超.干湿交替对徒骇河沉积物磷的吸附解吸影响研究［J］.土壤通报，2009，40（5）：1040－1043.

[86] 翟丽华，刘鸿亮，席北斗，等.农业源头沟渠沉积物氮磷吸附特性研究［J］.农业环境科学学，2008，27（4）：1359-1363.

[87] 段亮，段增强，四清.农田氮、磷向水体迁移原因及对策［J］.中国土壤与肥料，2007（4）：6-11.

[88] 范英英，刘永，郭怀成，等.基于景观生态学的湖区沟渠保护研究［J］.应用生态学报，2005，16（3）：481-485.

[89] 顾建芹，江健.减量施肥条件下稻田径流氮磷流失特征的研究［J］.上海农业学报，2023，39（1）：87-93.

[90] 何明珠，夏体渊，李立池，等.滇池流域农田生态沟渠杂草氮磷富集效应的研究［J］.华东师范大学学报，2012，4：157-163.

[91] 何元庆，魏建兵，胡远安，等.珠三角典型稻田生态沟渠型人工湿地的非点源污染削减功能［J］.生态学杂志，2012，31（2）：394-398.

[92] 黑龙江农垦勘测设计研究院.黑龙江垦区水利工程详查报告［D］.哈尔滨：黑龙江省农垦总局水利局，2000.

[93] 侯翠翠.水文条件变化对三江平原沼泽湿地土壤碳蓄积的影响[D].长春：中国科学院东北地理与农业生态研究所，2012.

[94] 胡京钰，杨红军，刘大军，等.酒糟生物炭与化肥配施对土壤理化特性及作物产量的影响［J］.植物营养与肥料学报，2022，28（9）：1664-1672.

[95] 胡绵好，奥岩松，朱建坤，等.pH和曝气对水生植物去除富营养化水体中氮磷等物质的影响［J］.水土保持学报，2008，22（4）：168-173.

[96] 胡颖.河流和沟渠对氮磷的自然净化效果的试验研究[D].南京：河海大学，2005.

[97] 姜翠玲，崔广柏，范晓秋，等.沟渠湿地对农业非点源污染物的净化能力研究［J］.环境科学，2004，25（2）：125-128.

[98] 姜翠玲，范晓秋，章亦兵.农田沟渠挺水植物N、P的吸收及二次污染防治［J］.中国环境科学，2004，24（6）：702-706.

[99] 姜翠玲，崔广柏.湿地对农业非点源污染的去除效应［J］.农业环境保护，2002，21（5）：471-473，476.

[100] 姜翠玲.沟渠湿地对农业非点源污染物的截留和去除效应［J］.南京：河海大学，2004.

[101] 姜浩，廖立兵，郑红，等.赤泥吸附垃圾渗滤液中COD和氨氮的实验研究［J］.安全与环境工程，2007，14（3）：69-73.

[102] 姜浩，廖立兵，郑红，等.赤泥吸附垃圾渗滤液中COD和氨氮的实验研究［J］.安全与环境工程，2007，14（3）：69-73.

[103] 姜敬龙，吴云海.底泥磷释放的影响因素［J］.环境科学与管理，2008，33（6）：43-46.

[104] 蒋小欣，阮晓红，邢雅囡，等.城市重污染河道上覆水氮营养盐浓度及

DO 水平对底质氮释放的影响［J］. 环境科学，2007，28（1）：87-91.

[105] 景英仁，杨奇，景英勤. 赤泥的基本性质及工程特性［J］. 山西建筑，2001，27（3）：80-81.

[106] 孔博. 灌区沟渠对氮磷的截留机理及去除效果研究［J］水利技术监督，2017，25（6）：23-27.

[107] 孔莉莉，张展羽，夏继红. 灌区非点源氮在排水沟渠中的归趋机理及控制问题［J］. 中国农村水利水电，2009（7）：48-51.

[108] 李栋浩，蔡文沛，李玲，等. 农业氮素投入与农业面源污染风险的响应关系：以河南省为例 [J/OL]. 安全与环境学报 . 1-9[2024-08-29].https://doi.org/10.13637/j.issn.1009-6094.2024.0464.

[109] 李强坤，胡亚伟，孙娟. 农业非点源污染物在排水沟渠中的迁移转化研究进展［J］. 中国生态农业学报，2010，18（1）：210-214.

[110] 李如忠，李峰，周爱佳. 巢湖十五里河水花生生长区沉积物及间隙水中营养盐的基本特性［J］. 环境科学，2012，33（9）：3014-3023.

[111] 李睿华，管运涛，何苗，等. 河岸荆三棱带改善河水水质的中试研究［J］. 环境科学，2007，28（6）：1198 -1203.

[112] 李玉凤，刘红玉，王翠晓. 农业排水渠结构对别拉洪河流域湿地景观结构的影响［J］. 自然资源学报，2009，24（9）：1573-1581.

[113] 梁坤，杜治舜，孙学斌，等. 不同植物组合的生态沟渠对地表 N、P 元素污染吸附效果的影响［J］. 环境生态学，2024，6（7）：82-84.

[114] 刘鸣达，陶伟，刘婷，等. 不同条件下高炉渣吸附水中无机磷的研究［J］. 环境工程学报，2008，2（6）：840-843.

[115] 刘双全. 三江平原地区高效施肥对水稻产量及品质的影响［J］. 黑龙江农业科学，2008（5）：56-58.

[116] 刘秀奇，阎百兴，祝惠，等. 一种污染水体的氨氮吸附材料及制备方法：中国，CN102091602A［J］. 2011-06-15.

[117] 刘艳丽，张斌，胡锋，等. 干湿交替对水稻土碳氮矿化的影响［J］. 土壤，2008，40（4）：554-560.

[118] 刘振乾，吕宪国，翟金良，等. 三江平原农业转型中的水资源安全分析[J].

农业环境保护，2001，40（1）：202-205.

[119] 《芦苇》编写组.芦苇［M］.北京：轻工业出版社，1982：35-461.

[120] 鲁如坤.土壤：植物营养学原理和施肥［M］.北京：化学工业出版社，1998.

[121] 陆海明，孙金华，邹鹰，等.农田排水沟渠的环境效应与生态功能综述［J］.水科学进展，2010，21（5）：719-725.

[122] 栾兆擎，章光新，邓伟，等.三江平原50a来气温及降水变化研究［J］.干旱区资源与环境，2007，21（11）：39-43.

[123] 罗洋，张桂玲，王芳，等.辣椒秸秆生物炭对黄壤化学特性及小白菜生长的影响［J］.四川农业大学学报，2022，40（6）：847-852.

[124] 马凡凡，邢素林，甘曼琴，等.农田排水沟渠中氮磷迁移转化及净化措施研究［J］.安徽农业科学，2019，47（10）：10-13.

[125] 马学慧，刘兴土.中国湿地生态环境质量现状分析与评价方法［J］.地理科学，1997，17（增刊）.

[126] 聂晓.三江平原寒地水稻水热过程及节水增温灌溉模式研究［D］.长春：中国科学院东北地理与农业生态研究所，2012.

[127] 秦沂樟，白静，赵健，等.生态沟渠磷拦截效应对不同因子的响应特征［J］.农业工程学报，2022，38（S1）：122-130.

[128] 饶继翔.秸秆还田结合肥料配施的种植对土壤氮磷流失的影响［J］.合肥：安徽大学，2021.

[129] 沈亦龙.太湖五里湖清淤效果初步分析［J］.水利水电工程设计，2005，24（2）：23-25.

[130] 司友斌，王慎强，陈怀满.农田氮、磷的流失与水体富营养化［J］.土壤，2000（4）：188-193.

[131] 宋常吉，李强坤，崔恩贵.农田排水沟渠调控农业非点源污染研究综述［J］.水资源与水工程学报，2014（5）：222-227.

[132] 孙志高，刘景双，王金达，等.三江平原不同群落小叶章种群生物量及氮、磷营养结构动态［J］.应用生态学报，2006，17（2）：221-228.

[133] 唐莲，白丹，蒋任飞，等.农业活动非点源污染与地下水的污染与防治［J］.

水土保持研究，2003，10（4）：212-214.

[134] 陶春，高明，徐畅，等.农业面源污染影响因子及控制技术的研究现状与展望［J］.土壤，2010，42（3）：336-343.

[135] 田莉萍.铁输入对稻田排水沟渠中氮磷去除的影响与强化途径研究 [D].北京：中国科学院大学（中国科学院东北地理与农业生态研究所），2023.

[136] 王栋，孔繁翔，刘爱菊，等.生态疏浚对太湖五里湖湖区生态环境的影响［J］.湖泊科学，2005，17（3）：263-268.

[137] 王宁，朱颜明，李顺.松花湖水体营养物质动态变化及成因分析［J］.环境科学研究，1999，12（5）：27-30.

[138] 王宁.松花湖流域非点源污染研究［D］.长春：中国科学院东北地理与农业生态研究所，2001.

[139] 王沛芳，王超，胡颖.氮在不同生态特征沟渠系统中的衰减规律研究［J］.水利学报，2007，38（9）：1135-1139.

[140] 王世岩.三江平原沼泽湿地退化过程及其驱动力研究［J］.长春：中国科学院东北地理与农业生态研究所，2003.

[141] 王晓翠，刘红玉.水利工程对别拉洪河流域湿地景观结构的影响［J］.自然资源学报，2009，24（4）：718-728.

[142] 王岩，王建国，李伟，等.三种类型农田排水沟渠氮磷拦截效果比较［J］.土壤，2009，41（6）：902-906.

[143] 王岩，王建国，李伟，等.生态沟渠对农田排水中氮磷的去除机理初探[J].生态与农村环境学报，2010，26（6）：586-590.

[144] 王云跃，黄学文.农业排水沟渠水质影响因素分析及管理对策［J］.水土保持应用技术，2009（4）：35-36.

[145] 王正烈，周亚平，李松林，等.物理化学（4版）下册［M］.北京：高等教育出版社，2001.

[146] 魏林宏，张斌，程训强.水文过程对农业小流域氮素迁移的影响［J］.水利学报，2007，38（9）：1145-1150.

[147] 魏彦凤，王继涛，李文慧，等.凹凸棒土–生物炭缓释材料对养分缓释及小白菜生长的影响［J］.农业工程学报，2023，39（22）：121-132.

[148] 邬建国.景观生态学：格局、过程、尺度与等级［M］.北京：高等教育出版社，2000.

[149] 吴建，杨培岭，任树梅，等.沟渠沉积物的氮素迁移转化在干涸期和输水期的试验研究［J］.农业环境科学学报，2009，28（9）：1888-1891.

[150] 郗敏，吕宪国.三江平原湿地多级沟渠系统底泥可溶性有机碳的分布特征［J］.生态学报，2007，27（4）：1434-1441.

[151] 夏立忠，杨林章.太湖流域非点源污染研究与控制［J］.长江流域资源与环境，2003，12（1）：45-49.

[152] 谢成章，张友德.荻和芦的生物学［M］.北京：科学出版社，1993：1-121.

[153] 谢伟芳，夏品华，林陶，等.喀斯特山区溪流上覆水－孔隙水－沉积物中不同形态氮的赋存特征及其迁移：以麦西河为例［J］.中国岩溶，2011，30（1）：9-15.

[154] 熊飞，李文朝，潘继征，等.人工湿地脱氮除磷的效果与机理研究进展［J］.湿地科学，2005，3（3）：228-234.

[155] 徐红灯，席北斗，翟丽华.沟渠沉积物对农田排水中氨氮的截留效应研究［J］.农业环境科学学报，2007，26（5）：1924-1928.

[156] 徐红灯，席北斗，王京刚.水生植物对农田排水沟渠中氮、磷的截留效应［J］.环境科学研究，2007，20（2）：84-87.

[157] 徐红灯.农田排水沟渠对流失氮、磷的截留和去除效应 [D].北京：北京化工大学，2004.

[158] 徐轶群，熊慧欣，赵秀兰.底泥磷的吸附与释放研究进展［J］.重庆环境科学，2003，25（11）：140-147.

[159] 许剑锋，吴家乐，金羽清，等.侧深施肥对水稻产量及养分吸收的影响［J］.浙江农业科学，2024，65（6）：1297-1301.

[160] 薛峰，颜廷梅，乔俊，等.太湖地区稻田减量施肥的环境效益和经济效益分析［J］.生态与农村环境学报，2009，25（4）：26-31，51.

[161] 闫敏华，邓伟，马学慧.大面积开荒扰动下的三江平原近45年气候变化［J］.地理学报，2001，56（2）：159-170.

[162] 阎百兴，汤洁.黑土侵蚀速率及其对土壤质量的影响［J］.地理研究，

2005，24（4）：499-506.

[163] 阎百兴.吉林西部农田非点源污染负荷研究[D].长春：中国科学院长春地理研究所，2001.

[164] 晏维金，尹澄清，孙濮，等.磷氮在水田湿地中的迁移转化及径流流失过程[J].应用生态学报，1999，10（3）：312-316.

[165] 杨林章，吴永红.农业面源污染防控与水环境保护[J].中国科学院院刊，2018，33（2）：168-176.

[166] 杨林章，周小平，王建国，等.用于农田非点源污染控制的生态拦截型沟渠系统及其效果[J].生态学杂志，2005，24（11）：1371-1374.

[167] 杨智景，顾海龙，杨会静，等.三种稻渔种养的化肥农药使用及效益分析[J].渔业研究，2020，42（2）：153.

[168] 姚鑫，杨桂山.自然湿地水质净化研究进展[J].地理科学进展，2009，28（5）：825 - 832.

[169] 殷国玺，张展羽，郭相平，等.减少氮流失的田间地表控制排水措施研究[J].水利学报，2006，37（8）：926-931.

[170] 张树楠，肖润林，余红兵，等.水生植物刈割对生态沟渠中氮、磷拦截的影响[J].中国生态农业学报，2012，20（8）：1066-1071.

[171] 张威，张旭东，何红波，等.干湿交替条件下土壤氮素转化及其影响研究进展[J].生态学杂志，2010，29（4）：783-789.

[172] 张维理，武淑霞，冀宏杰，等.中国农业面源污染形势估计及控制对策Ⅰ：21世纪初期中国农业面源污染的形势估计[J].中国农业科学，2004，37（7）：1008-1017.

[173] 张晓雪，宗虎城.洱海流域面源污染综合防控措施浅析[C].2021第九届中国水生态大会论文集，2021.

[174] 张友民，杨允菲，王立军.三江平原沼泽湿地芦苇种群生产与分配的季节动态[J].中国草地学报，2006，28（4）：1-5.

[175] 张友民，王立军，曲同宝，等.芦苇资源的生态管理与芦苇的高产培育[J].吉林农业大学学报，2005，27（3）：280-283，295.

[176] 章芹，朱永恒.当前农业面源污染的主要形式及综合治理措施[J].现代

农村科技，2011（16）：56-58.

[177] 赵振国．吸附作用应用原理［M］．北京：化学工业出版社．2005.

[178] 周根娣，梁新强，田光明，等．田埂宽度对水田无机氮磷侧渗流失的影响［J］．上海农业学报，2006，22（2）：68-70.

[179] 周俊，邓伟，刘伟龙．沟渠湿地的水文和生态环境效应研究进展［J］．地球科学进展，2008，23（10）：1079-1083.

[180] 周小平．河网区稻田流失氮磷的植物生态拦截技术研究[D].南京：中国科学院南京土壤研究所，2005：64-77.

[181] 朱萱，鲁纪行，边金钟，等．农田径流非点源污染特征及负荷定量化方法探讨［J］．环境科学，1985，6（5）：6-5.

[182] 祝惠，阎百兴．三江平原稻田磷输出及迁移过程研究［J］．湿地科学，2010，8（3）：266-271.

[183] 祝惠，阎百兴．三江平原水田氮的侧渗输出研究［J］．环境科学，2011，32（1）：108-112.

[184] 祝惠．三江平原水田面源污染物输出机制及负荷[D].长春：中国科学院东北地理与农业生态研究所，2011.